科学与工程类规划教材

分布式光纤传感技术与应用

尚 盈 王 晨 倪家升 著

Publishing House of Electronics Industry

北京·BEIJING

内 容 简 介

本书从理论阐述和工程应用出发，较全面地介绍分布式光纤传感技术的理论和应用。全书共 6 章，主要内容包括：分布式光纤传感、分布式光纤声振技术原理、分布式光纤声振技术系统组成、分布式光纤声振解调技术、模式识别在分布式光纤声振技术中的应用、分布式光纤声振技术工程应用等。本书提供配套电子课件、习题参考答案等教学资源。

本书可作为高等学校光学专业相关课程的教材，也可供相关工程技术人员学习、参考。

图书在版编目（CIP）数据

分布式光纤传感技术与应用/尚盈，王晨，倪家升著. —北京：电子工业出版社，2021.3
ISBN 978-7-121-40801-4

Ⅰ. ①分… Ⅱ. ①尚… ②王… ③倪… Ⅲ. ①光纤传感器－高等学校－教材 Ⅳ. ①TP212.14

中国版本图书馆 CIP 数据核字（2021）第 050972 号

责任编辑：王晓庆
印　　刷：北京盛通商印快线网络科技有限公司
装　　订：北京盛通商印快线网络科技有限公司
出版发行：电子工业出版社
　　　　　北京市海淀区万寿路 173 信箱　　邮编：100036
开　　本：787×1092　1/16　印张：12.25　字数：314 千字
版　　次：2021 年 3 月第 1 版
印　　次：2023 年 3 月第 4 次印刷
定　　价：49.00 元

凡所购买电子工业出版社图书有缺损问题，请向购买书店调换。若书店售缺，请与本社发行部联系，联系及邮购电话：（010）88254888，88258888。

质量投诉请发邮件至 zlts@phei.com.cn，盗版侵权举报请发邮件至 dbqq@phei.com.cn。

本书咨询联系方式：（010）88254113，wangxq@phei.com.cn。

前　言

当代科学技术进入了高速发展时期，大数据信息化时代也随之而来。通信技术、计算机技术及传感技术是信息技术的三大基础，其中，传感技术是获得信息的前端技术，是完成各种数据采集的重要工具。

20 世纪 70 年代，光纤传感技术伴随着光纤通信技术的高速发展而发展起来，它是以光纤为传输介质、以光波为信息载体，感知并传递外界物理量变化的新技术。当光波在光纤中传输时，其功率、相位、波长、偏振态等参数会受外界环境的影响而发生改变，通过检测光波参数的变化，可获得外界待测物理量的信息。分布式光纤传感器是用于测量沿光纤长度方向物理量的一种传感器。

分布式光纤传感器中的光纤能够集传感、传输功能于一体，不仅能够完成整条光纤长度上的环境参量的空间、时间多维分布状态信息的连续测量，还能将分布式的测量信息实时、无损地传输到信息处理中心。分布式光纤传感技术在国防建设、国民经济及科学研究中发挥着越来越重要的作用，具备重要的学术价值，同时具有广阔的市场应用前景。

为了进一步加强光纤传感的专业教学工作，适应高等学校正在开展的课程体系与教学内容的改革，及时反映分布式光纤传感教学的研究成果，积极探索适应 21 世纪人才培养的教学模式，我们编写了本书。

该教材有如下特色：

- 根据研究型教学理念，采用研究型学习的方法，即"提出问题—解决问题—归纳分析"的问题驱动方法，使学生主动探究学习在整个教育教学中的地位和作用。

- 在内容及描述上，我们换位思考，站在光学专业的角度来描述理论、概念等，避免堆砌大量光学专业学生用不到的专业词汇。

- 本书的基本思路是分两步走。首先，以分布式光纤传感技术为一条主线，围绕这条主线介绍分布式光纤传感、分布式光纤声振技术原理、分布式光纤声振技术系统组成、分布式光纤声振解调技术。然后，以分布式光纤传感技术的应用为另一条主线，介绍模式识别在分布式光纤声振技术中的应用、分布式光纤声振技术工程应用等知识。上述两条主线是一个有机的整体，是相辅相成的，其实质是理论知识与实践应用完美结合的一条综合的分布式光纤传感知识中轴线。

- 本书注重将分布式光纤传感的最新发展适当地引入教学，保持了教学内容的先进性。而且本书源于分布式光纤传感的教学和应用实践，凝聚了工作在一线的任课教师多年的工程应用经验与教学成果。

本书从理论课和实践课出发，较全面地介绍分布式光纤传感基本理论和工程应用方面的知识。全书共 6 章，主要内容包括：第 1 章讲述分布式光纤传感，介绍分布式光纤传感的基本概念、发展历程、基础知识；第 2 章讲述分布式光纤声振技术原理；第 3 章讲述分布式光纤声振技术系统组成，介绍分布式光纤声振技术系统的组成模块；第 4 章讲述分布式光纤声振解调技术；第 5 章讲述模式识别在分布式光纤声振技术中的应用；第 6 章讲述分布式光纤声振技术工程应用，介绍分布式光纤声振技术在光缆健康监测、周界安防、管道泄漏监测、地震波勘探、电力系统监控、分布式声波通信等领域的应用。

本书简明扼要、通俗易懂，具有很强的专业性、技术性和实用性。本书是作者在给光学专业学生授课的基础上逐年积累编写而成的。每章都附有丰富的习题，供学生课后练习以巩固所学知识。

本书可作为高等学校光学专业相关课程的教材，也可供相关工程技术人员学习、参考。

教学中，可以根据教学对象和学时等具体情况对书中的内容进行删减和组合，也可以进行适当扩展，参考学时为 32～64 学时。为适应教学模式、教学方法和手段的改革，本书配有电子课件、习题参考答案等教学资源，请登录华信教育资源网（http://www.hxedu.com.cn）注册下载。

本书第 1、2 章由尚盈编写，第 3 章由曹冰编写，第 4 章由王晨编写，第 5 章由尚盈、倪家升编写，第 6 章由黄胜编写。全书由齐鲁工业大学（山东省科学院）的尚盈统稿。本书得到了齐鲁工业大学教材建设基金的资助，在此一并表示感谢！

本书的编写参考了大量近年来出版的相关技术资料，吸取了许多专家和同仁的宝贵经验，在此向他们深表谢意。

由于分布式光纤传感技术发展迅速，作者学识有限，书中误漏之处难免，望广大读者批评指正。

作　者
2021 年 3 月

目　　录

第1章 分布式光纤传感

内容关键词
- 分布式光纤传感的定义
- 分布式光纤传感的分类
- 分布式光纤传感技术的比较

1.1 光纤传感技术

当代科学技术进入了高速发展时期，大数据信息化时代也随之而来。通信技术、计算机技术及传感技术是信息技术的三大基础，其中，传感技术是获得信息的前端，是完成各种数据采集的重要工具[1]。

20 世纪 70 年代，光纤传感技术是伴随着光纤通信技术的高速发展而发展起来，是以光纤为传输介质，以光波为信息载体，感知并传递外界物理量变化的新技术[2,3]。当光波在光纤中传输时，其功率、相位、波长、偏振态等参数会受外界环境的影响而发生改变，通过检测光波参数的变化，可获得外界待测物理量的信息。

按照传感范围及原理，光纤传感器可以分为点式、准分布式及分布式三大类[4]，如图 1-1-1 所示。

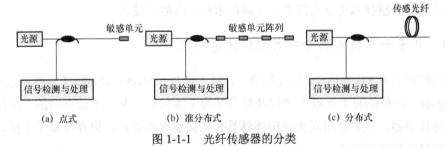

图 1-1-1　光纤传感器的分类

点式光纤传感器是指光波在光纤中传播至单点敏感单元处，受外部因素的影响而改变，但是除敏感单元外的光纤只作为传输媒介，不具有传感的功能。

准分布式光纤传感器采用时分复用、频分复用等复用技术，将多个点式传感元件组合形成传感器阵列。准分布式光纤传感器能够拾取传感器阵列位置处的被检测的物理量，传感器位置之外的光纤仅具有信息传输功能，而不具有感知功能。准分布式光纤传感器在空间测量范围、传感器容量等方面的性能优于点式光纤传感器，适合应用在较大型的、多个重点检测位置的场合。

分布式光纤传感器是用于测量沿光纤长度方向物理量的一种传感器。分布式光纤传感器中的光纤能够集传感、传输功能于一体，不仅能够完成在整条光纤长度上空间、时间多维分布状态信息的连续测量，还能将分布式的测量信息实时、无损地传输到信息处理中心[5]。

分布式光纤传感器作为现代传感技术领域中的一个重要分支，具有其他类型的传感器无法比拟的优势[6]。

（1）分布式光纤传感器的主体是光纤，具备光纤特有的抗电磁干扰、电绝缘、防雷击、耐高温、耐腐蚀的优点，相较于点式光纤传感器、准分布式光纤传感器及电子式传感器，具有便于铺设的工程优势，并且能够工作在恶劣的环境下，具有分布式、长距离检测的优点。

（2）分布式光纤传感技术能够不间断地获取传感光纤周围环境中的物理量信息，实现时空分布式检测。

（3）无须复杂的组网复用方式，只需一个通道就能进行信号检测、采集和处理，大大降低了光路结构和信号采集与处理单元的复杂度。

（4）便于与现行光纤检测网融合。普通单模光纤是分布式光纤传感器的主体，现行的光纤检测网（如通信网中的光缆及输电电网中采用的电力系统光电混合缆）也普遍采用普通单模光纤。因此，分布式光纤传感器与现行光纤检测网具有很好的兼容性，无须替换光缆就可以进行检测。

分布式光纤传感技术在国防建设、国民经济及科学研究中发挥越来越重要的作用，具备重要的学术价值，同时具有广阔的市场应用前景。

1.2　分布式光纤传感技术

分布式光纤传感技术可分为两类：干涉技术和后向散射技术。

1.2.1　基于干涉技术的分布式光纤传感技术

干涉仪的种类有 Michelson（迈克尔逊）光纤干涉仪、Mach-Zehnder（马赫泽德）光纤干涉仪、Sagnac（萨格纳克）光纤干涉仪及复合结构干涉仪等，基于上述不同的干涉仪可形成分布式光纤传感器，这类分布式光纤传感器具有高灵敏度的优点，但存在易受干扰、检测范围短、定位算法复杂等缺点。

1.2.1.1　基于 Michelson 干涉仪的分布式光纤传感技术

Michelson 干涉仪主要由耦合器和两个反射镜构成，分束后的激光通过反射镜的反射产生干涉效应。基于 Michelson 干涉仪的分布式光纤传感技术[7,8]原理图如图 1-2-1 所示，激光器发出的激光经过耦合器后一分为二，分别进入 Michelson 干涉仪的信号臂和参考臂，分束后的激光分别在信号臂和参考臂的光纤中传输，经由反射镜反射后在耦合器处进行干涉。如果信号臂存在扰动信号，那么干涉光的相位将发生变化，通过解调光强的变化信息就可完成扰动事件的检测。

图 1-2-1 基于 Michelson 干涉仪的分布式光纤传感技术原理图

基于双 Michelson 干涉仪波分复用（WDM）技术可实现长度为 4012m、空间分辨率为 ±51m 参数的检测[9]。但是 Michelson 干涉仪的分布式光纤传感技术易受外界干扰因素的影响，故需要对干涉仪的参考臂进行有效的隔声隔振。与此同时，该技术难以实现多点扰动的同时测量，所以基于 Michelson 干涉仪的分布式光纤传感技术在实际工程应用中难度较大。

1.2.1.2 基于 Mach-Zehnder 干涉仪的分布式光纤传感技术

Mach-Zehnder 干涉仪通过两个耦合器构成 Mach-Zehnder 结构[10]，实现干涉检测。基于 Mach-Zehnder 干涉仪的分布式光纤传感技术原理图如图 1-2-2 所示，激光经过耦合器一分为二，分别进入参考臂和信号臂光路，然后经过耦合器进行合束、干涉，产生干涉信号。当干涉仪的信号臂有振动信号时，相应位置处的光纤产生形变，引起相位发生改变，同时参考臂保持不变，干涉条纹发生改变，通过解调变化的相位从而完成振动信号的检测。

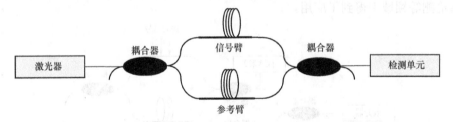

图 1-2-2 基于 Mach-Zehnder 干涉仪的分布式光纤传感技术原理图

使用 Mach-Zehnder 干涉技术，实现了检测长度为 1km、空间分辨率约为 38m 的分布式检测，又通过实验验证了采用环形 Mach-Zehnder 结构的系统可以完成多点检测[11]。

1.2.1.3 基于 Sagnac 干涉仪的分布式光纤传感技术

Sagnac 干涉仪由耦合器和光纤环构成，基于 Sagnac 干涉仪的分布式光纤传感技术原理图[12]如图 1-2-3 所示，激光经耦合器后一分为二，分束光分别沿顺时针、逆时针两个方向在 Sagnac 光纤环内传播，在耦合器中相遇并产生干涉。由于分束后的激光从耦合器到达扰动事件点位置的时间不同，因此再相遇时，会在耦合器处产生相位差，在干涉信号中解调出相位差，即可获取外界的振动信息。

基于 Sagnac 干涉仪的识别方案，可完成单频信号源的识别[13]，实现了基于 Sagnac 结构的分布式振动测量，同时还原了振动信号的幅值、位置信息。使用基于 Sagnac 的二次 FFT 算法，可更加准确地获取第一频率陷波点，实现了检测长度为 41km、定位精度为 100m 的多点振动信号的测量[14]。

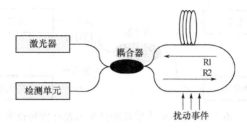

图 1-2-3　基于 Sagnac 干涉仪的分布式光纤传感技术原理图

1.2.1.4　复合型干涉仪分布式光纤传感技术

单一干涉型光纤传感器具有结构简单、灵敏度较高的优点，但同时存在定位困难、易受干扰等缺点。为了更好地发挥干涉型光纤传感器的优点，出现了双 Mach-Zehnder[15,16]、双 Sagnac[17,18]、Sagnac-Machelson[19]、Sagnac-Mach-Zehnder[20,21]、双 Machelson 等复合型结构。

基于双 Mach-Zehnder 光纤干涉仪的分布式传感技术原理图如图 1-2-4[22]所示，该系统包含一个光源及两个探测器，光缆中 3 根等长的光纤形成两个对称的 Mach-Zehneder 干涉仪，当干涉臂 A、B 上有外界扰动信号产生时，由扰动信号引起的干涉光沿相反的方向传输，探测器 1、探测器 2 分别获取两个具有一定时延的光强波动信号。通过进行光强波动信号的解调可实现对外界扰动信号信息的提取，根据信号抵达两个探测器的时间差可确定扰动信号发生的位置。基于双 Mach-Zehnder 光纤干涉仪的分布式传感技术取得了较成熟的发展，在石油管道泄漏检测等领域中得到了应用。

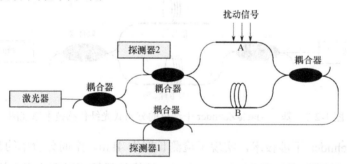

图 1-2-4　基于双 Mach-Zehnder 光纤干涉仪的分布式传感技术原理图

基于 Michelson、Sagnac 双干涉仪的分布式测试方案[23]采用了两种不同波长的光源及波长选择透镜（Frequency Selective Mirror，FSM），在传感光纤的长度中点位置放置波长选择透镜，Sagnac 干涉由波长选择透镜的全通波长构成，Michelson 干涉由波长选择透镜的全反射波长构成，实现了长度为 200m 的探测距离、最大偏差为 2.7m 的分布式振动的测量。采用 Sagnac 和 Mach-Zehnder 复合干涉仪技术[24]在 100m 传感光纤上实现了测量精度小于 0.6m 的分布式振动传感。另外，基于双 Mach-Zehnder 干涉仪的均方差预测理论，提高了光纤传感的定位精度[25]。

1.2.2　基于后向散射技术的分布式光纤传感技术

光纤中存在拉曼散射（Raman Scattering）[26]、布里渊散射（Brillouin Scattering）、瑞利散射（Rayleigh Scattering），光纤中的散射光与入射光之间的频谱分布图如图 1-2-5 所示。拉曼散射中的频率变化主要是由入射光和光纤中的光学声子及其相互作用引起的；入射光与光纤中的声学声子相互作用产生的非弹性散射引起布里渊散射；光纤材料分布不均匀导致折射率不均匀，会导致瑞利散射，瑞利散射是入射光与物质之间发生的弹性散射。从图 1-2-5 可知，瑞利散射具有最大的散射光强且无频移特性，布里渊散射、拉曼散射的频率与入射光的频率比较，发生了偏移，其中小于入射光频率的散射光为斯托克斯光，大于入射光频率的散射光为反斯托克斯光。布里渊散射光比拉曼散射光的频率偏移量小，但布里渊散射光比拉曼散射光的光强大。

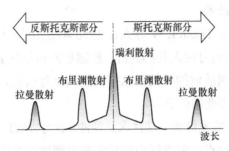

图 1-2-5　光纤中的散射光与入射光之间的频谱分布图

　　拉曼散射的光强由外界物理场的温度变化决定，根据此原理，拉曼散射可以用来对外界温度进行分布式测量；温度或应变可以引起布里渊散射的光强和频移发生变化，后向散射光的频移变化反映了外界物理场的变化，检测布里渊散射频移可实现测量外界扰动引起的应力物理场的变化；外界物理场导致的光纤损耗和应变变化可引起后向瑞利散射的光强和相位改变，检测光纤中后向瑞利散射的光强和相位的变化，可实现光纤损耗和应变的分布式测量。

1.2.2.1　基于拉曼散射的分布式温度传感技术

　　印度科学家拉曼首先发现了光纤后向散射中光波频率发生改变的现象（后被称为拉曼效应、拉曼散射）[27]。当激光被注入光纤中时，与光纤中的粒子相互作用，发射、吸收的声子转化为波长较长和波长较短的散射光的现象，称为拉曼散射。其包含两种散射光：一种是光纤中的光子将光能转化为光纤分子热振动的斯托克斯光（Stokes）；另一种是光纤中的光纤分子将自身的热振动转化为光子光能的反斯托克斯光（anti-Stokes）。

　　利用分布式光纤温度传感器进行输送管道泄漏的实时检测，并利用光时域反射技术，通过检测输出端光功率实现光纤上各点的静态和动态损耗的测量及定位，结合计算机对信号进行分析处理和融合，根据信号特征来判断管道泄漏事件的发生及进行准确定位[28]。有一种提高分布式光纤的温度测量精度的方法，该方法利用具有不同波长的两个光源，使得主光源的返回反斯托克斯分量的波长与次光源的入射波长重叠，以抵消由斯托克斯光和反斯托克斯光之间的波长差异所产生的不同衰减[29]，该方法通过对几个样品光纤获得的实验结果成功地验证，可以在整个测量周期内自动且连续地进行校正而没有任何中断。

1.2.2.2　基于布里渊散射的分布式光纤传感技术

　　基于布里渊散射的分布式光纤传感器能够实现温度、应变的同时检测，基于布里渊散射的分布式光纤传感技术的测量精度高、单次测量的信息获取效率高，科研人员对布里渊技术进行了广泛、深入的研究。

当前，按照工作原理，基于布里渊散射的分布式光纤传感技术可以分为以下 4 种[30]：布里渊光时域反射（Brillouin Optical Time Domain Reflectometer，BOTDR）技术、布里渊光时域分析（Brillouin Optical Time Domain Analysis，BOTDA）技术、布里渊光频域分析（Brillouin Optical Frequency Domain Analysis，BOFDA）技术及布里渊相关连续波（Brillouin Optical Coherent Domain Analysis，BOCDA）技术。

（1）布里渊光时域反射技术

布里渊光时域反射技术是 Tkach R W 等人在 1986 年提出的[31]，布里渊光时域反射方案原理图如图 1-2-6 所示，光脉冲信号注入传感光纤，检测后向布里渊散射光的时间信息、频移及功率信号，其中，后向布里渊散射的时间信息提供空间位置信息，后向布里渊散射的频移和功率信号提供环境对温度和应变的信息。

BOTDR 技术只需要在传感光纤的一端注入光脉冲，就可以实现温度及应变的分布式测量，具有光路简易、便于应用等优点，但光纤中的后向布里渊散射光信号比较微弱，导致解调信号的信噪比较低。

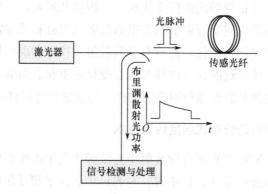

图 1-2-6　布里渊光时域反射方案原理图

（2）布里渊光时域分析技术

1989 年，日本 NTT 电信公司的 Horiguchi 等人提出了一种基于 BOTDA 技术的光纤无损检测技术[32,33]。该技术主要利用了受激布里渊散射的放大特性，BOTDA 技术原理图如图 1-2-7 所示。激光器 1、激光器 2 分别从传感光纤的两端注入并相向传播[34]，其中，激光器 1 发射频率为 ν_1 的脉冲泵浦光，激光器 2 发射频率为 ν_2 的连续探测光，并且当两个激光器的频率差 $\nu_2 - \nu_1$ 等于布里渊频移 ν_B 时，强的脉冲泵浦光放大弱的连续光信号，受激布里渊放大得以实现。

当传感光纤上的某一位置受到外界环境的作用时，该位置的布里渊频移将从 ν_B 增大到 $\nu_B + \Delta \nu$，从而引起传感光纤上该位置的布里渊散射信号突然衰减。只要连续探测光与脉冲泵浦光的频率差等于 ν_B，就能接收到该位置的布里渊散射信号。因为外界环境作用引起的光纤应变与布里渊频移具有一定的关系，所以通过解调布里渊信号就可以得到传感光纤上相应位置的应变分布。

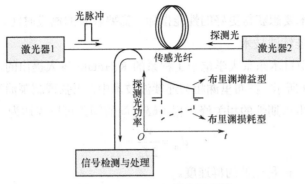

图 1-2-7　BOTDA 技术原理图

在 BOTDR 技术、BOTDA 技术的研究初期，系统的空间分辨率难以满足实际工程中高精度的要求，随着技术的发展，已经研究出精度为厘米量级的 BOTDA 系统[35]。

BOTDA 技术与 BOTDR 技术相比，为了增强布里渊散射强度，使用传输方向相反的两束激光，传感信号的强度得到了受激增大，提高了温度、应变的测量精度，使得系统的测量范围更大。然而，BOTDA 系统双端输入，光路较复杂，系统总的成本较高，尤其是双端泵浦–探测结构限制了该方案的应用领域。

（3）布里渊光频域分析技术

OFDA 是 Shiraz H G 等人在 1985 年提出的一种光纤无损检测技术，它是分布式布里渊光纤传感器频域实现方案的技术基础[36]。1996 年，德国波鸿鲁尔大学的 Dieter G 等人将光纤中的布里渊散射效应与 OFDA 技术相结合，提出了 BOFDA 技术。BOFDA 技术通过测量传感光纤的复合基带传输函数实现空间定位[37]，不同于采用传统的光时域反射技术。

光频域分析技术原理图如图 1-2-8 所示，将频率不同的连续光注入传感光纤的两端，并且调谐探测光 ν_{S} 与泵浦光 ν_{P} 的频率差 $\nu_{\mathrm{S}}-\nu_{\mathrm{P}}$ 使之等于布里渊频移 ν_{B}。为了得到传感光纤复合基带传输函数，首先使用可变频率 f_{m} 的信号源调制探测光的幅值，然后对于每个调制信号频率 f_{m}，同时检测注入光纤的探测光 $I_{\mathrm{S}}(L)$ 和泵浦光强度 $I_{\mathrm{P}}(L,t)$，利用网络分析仪获取传感光纤的基带传输函数，最后通过频域分析法进行空间定位。

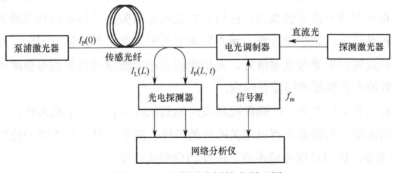

图 1-2-8　光频域分析技术原理图

相比较 BOTDR 技术和 BOTDA 技术，BOFDA 技术能够获取更高的信噪比及更大的动态范围。然而，BOFDA 技术的空间分辨率和传感距离分别由频率扫描的范围和频率扫描步长决定，所以 BOFDA 技术要想获得更好的性能指标，需要较长的测量时间。

（4）布里渊相关连续波技术

BOCDA 方案是由日本东京大学电子工程系的 K.Hotate 等人提出的，布里渊相关连续波方案原理图如图 1-2-9 所示。在布里渊相关连续波技术中，正弦调制泵浦光与探测光的频率沿传感光纤长度方向产生周期性的相关峰，相关峰之间的间距可以表达为

$$d_{\mathrm{m}} = \frac{v_{\mathrm{g}}}{2f_{\mathrm{m}}} \tag{1-2-1}$$

式中，f_{m} 是调制频率，v_{g} 是光波的群速度。

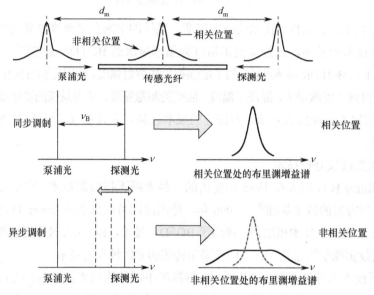

图 1-2-9　布里渊相关连续波方案原理图

在相关峰的位置，为了保证探测光、泵浦光的频率差不发生变化，需要完成对探测光、泵浦光进行同步调制，才能使获得的布里渊增益谱和没有调制时的本征布里渊增益谱有同样的形状。调节探测光和泵浦光之间的频率差与布里渊频移相等，电致伸缩效应放大声波，相关峰处的受激布里渊散射将受到激发；在相关性低的非相关位置异步调制泵浦光和探测光，探测光的频率相对于泵浦光连续改变，两者的频率差不是布里渊频移，因而，此种情况下将在这些非相关位置抑制受激布里渊散射。布里渊相关连续波技术获得的布里渊频谱是光纤相关和非相关位置的布里渊频谱的综合响应。

为防止位置信息发生重叠，应确保在所关注的测试区只存在一个相关峰，只要完成布里渊增益谱峰值的测量，就能够求解出相关峰处的温度、应变信息。相关峰的位置随着调制频率 f_{m} 的改变而改变，进而可以完成温度、应变的分布式测量。

布里渊相关连续波技术采用连续波进行探测，该技术的测量速度大于基于脉冲探测的方案。该技术可以获得很高的空间分辨率，但是由于需要保证一次测量中传感光纤上只能存在一个相关峰，因此传感距离较小。

1.2.2.3　基于瑞利散射的分布式光纤传感技术

当外界物理场的环境（如声波、振动、温度、应变等）及光纤线路的损耗、连接点和断点作用在传感光纤上的某位置时，传感光纤中的弹光效应和热光效应会导致该位置的传感光纤的散射单元长度和折射率发生改变，从而引起该位置的后向瑞利散射光的相位发生改变，传感光纤的瑞利散射光的相位发生变化会导致传输到探测器的瑞利散射光的相位差发生变化，引起后向瑞利散射光的光强发生变化。因此，在注入端检测后向瑞利散射的光强，就可以得到传感光纤上各处的外界环境场的信息，并且利用入射脉冲光与在入射端检测到的后向瑞利散射光的时间差，能够实现光纤位置信息的测量。

在 1976 年之前，测量一段光纤的平均损耗的方法是切割光纤式的有损测量方法，1976 年之后，多模光纤的分布式损耗可以采用基于瑞利散射技术的光时域反射计（Optical Time Domain Reflectmeter，OTDR）技术完成测量，瑞利散射技术得到了广泛的研究与应用。

（1）OTDR 技术

OTDR 技术采用大功率的光脉冲注入传感光纤，然后在同一端直接检测沿光纤轴向的后向传输瑞利散射光的功率。OTDR 原理图如图 1-2-10 所示，将脉冲激光输入待测光纤，因为光纤中的散射光功率正比于入射点的光功率，所以使用光电探测器检测传感光纤长度方向传输的后向瑞利散射光的功率[39]，就可获取沿光纤路径上的传输信息[40]，通过检测脉冲到达光电探测器的时间，就可以获得光纤发生事件的位置信息。光时域反射计技术经常应用于光纤衰减、连接损耗、破裂点和裂纹的测量过程中。

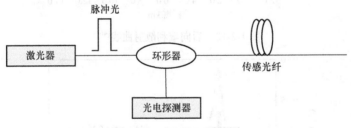

图 1-2-10　OTDR 原理图

后向瑞利散射用于测量光纤传输的衰减特性[41]，后向瑞利散射技术在连接损耗、熔接和断点的测量方面得到了大力推广。通过深入研究后向瑞利散射技术，第一次推导了基于多模光纤的后向瑞利散射功率方程[42]。并且基于单模光纤的后向瑞利散射功率方程，单模、多模光纤的后向瑞利散射功率得到了论证[43]。利用 OTDR 技术进行了单模光纤长度与后向瑞利散射光强关系的测量，并完成了光纤熔接损耗的检测[44]。经过单模光纤后向散射理论的推导后，后向散射系数与光纤结构参数之间的关系得到了进一步阐述及论证[45]。

（2）相位敏感性光时域反射计（Phase-sensitive OTDR）技术

Φ-OTDR 的光源为窄线宽激光器，探测光脉宽内散射点之间的后向瑞利散射光干涉信号，是一种不同于 OTDR 的新型分布式光纤传感技术[46]。Φ-OTDR 原理图如图 1-2-11 所示，强相干性的脉冲光通过环形器注入传感光纤，当外界干扰信号作用在传感光纤的某个位置区域时，此区域光纤内的折射率变化会引起后向瑞利散射光的相位随之发生改变，从而导致后向瑞利散射的干涉信号强度发生变化。传感光纤上的干扰信号的位置是由输入光脉冲信号与接收到的信号之间的时延差决定的。

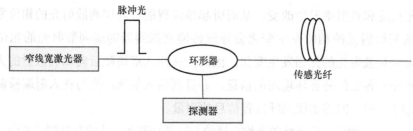

图 1-2-11　Φ-OTDR 原理图

后向瑞利散射曲线及处理结果如图 1-2-12、图 1-2-13 所示，其中，A.U.表示任意强度单位。

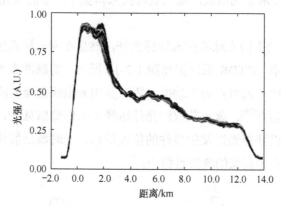

图 1-2-12　后向瑞利散射曲线[46]

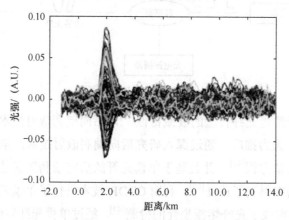

图 1-2-13　处理后的后向瑞利散射曲线[46]

　　Φ-OTDR 能够实现光纤弱折射率变化的检测，因此在很大程度上提高了 OTDR 系统的检测灵敏度。基于离散反射镜的 Φ-OTDR 模型的光纤分为 P 段，每段光纤都分为 Q 个基于瑞利散射的离散反射镜，规定每个反射镜的反射率和相位是随机独立分布的，该模型阐述了 Φ-OTDR 的物理规律，通过实验验证了该模型的正确性[48]。为了增大检测距离，采用相干探测技术、分布式拉曼放大技术相结合的方案可实现空间分辨率为 8m 情况下的 131.5km 超长距离的检测[49]。基于 Φ-OTDR 的自相干方案，通过 3×3 耦合器解调算法可解调出不同强度的声波信号，该信号的强度正比于外界扰动事件的信号强度[50]。

同时检测应变和振动的 Φ-OTDR 方案如图 1-2-14 所示，通过激光器的扫频可实现应变的检测，固定某一频率可实现振动信号的检测，在时间序列内的 OTDR 光强信号对光纤位置逐点地进行快速傅里叶变换（FFT），得到光纤位置处的振动信号的频谱，在 9km 的传感光纤上实现了 2m 的空间分辨率和 10nε（纳应变）的应变测试精度[51]。

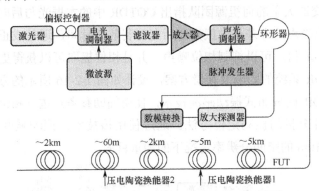

图 1-2-14　同时检测应变和振动的 Φ-OTDR 方案[51]

（3）相干域光时域反射计（Coherent domain OTDR，COTDR）技术

COTDR 技术采用稳定性高的强相干光源[52-55]，通过检测系统本振光与后向瑞利散射光的干涉信号来实现分布式测量。COTDR 原理结构图 1 如图 1-2-15 所示，稳定性高的窄线宽激光器发出连续光，耦合器将激光分成两束，一束经过声光调制器（AOM）调制脉冲光序列，脉冲光序列通过一个环形器后注入被测光纤，另一束用作本振光。脉冲光序列在被测光纤中产生后向瑞利散射信号，后向瑞利散射信号通过环形器进入一个耦合器，与本振光形成外差相干，通过探测器检测干涉信号，解调出中频信号的功率，完成分布式传感测试。

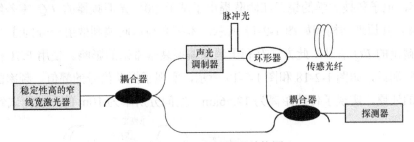

图 1-2-15　COTDR 原理结构图 1

基于外差相干的 OTDR 系统[56]将 5μW 峰值功率光脉冲、1.52μm 波长注入 30km 的探测光纤，实现了全光缆的测量，这标志着 COTDR 的诞生。

在准单色脉冲激发的情况下可以推算出瑞利散射模型单模光纤瑞利散射的一、二阶统计模型，并通过实验观察到衰减现象，验证了其理论的正确性[57]。对衰落噪声进行了更深一步的研究，实际观测到衰落噪声引起的探测曲线上下起伏，为了减小衰落噪声，提出多次平均的方案[58]。

1987 年，英国的 King J P[59]给出了 COTDR 系统的结构、原理的详细阐述，采用脉冲编码方案完成了探测光纤的损耗的测量，将脉宽为 5μs 的编码脉冲注入长达 60km 的探测光纤，完成了 0.2dB 损耗及 24dB 的动态范围（提高了 10dB 的动态范围）的测量。为了实现温度和应力的测量，提出一种长探测距离，应用高分辨率的相干光时域反射计[60]完成了温度分辨率 0.01℃、空间分辨率 1m 的测量[61]。通过 COTDR 改进型的统计模型，获得后向瑞利散射信号的幅值、相位信息，并分析了幅值的谱特性、自相关特性及相位信息的相关特性[62]。

2016 年，上海交通大学的何祖源团队指出 COTDR 中的本振光与后向瑞利散射光干涉会产生相位噪声，相位噪声的方差与本振光和后向瑞利散光时间延迟差成正比，所以通过将时间延迟差缩短到更小的值，可以抑制相位噪声，并且相位提取可以获得更好的结果。为了研究相位噪声对 COTDR 系统的影响及补偿方案，设计如图 1-2-16 所示的方案，并提出了一种基于相位提取 COTDR 的分布式振动感测技术，使用辅助参考点进行相位噪声补偿，阐述了基于光相位信号统计分析的振动定位方法。通过使用该技术，振动强度的线性响应实现了 30km 的传感距离、10m 的空间分辨率情况下的测量目的。

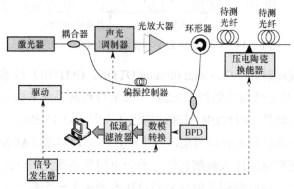

图 1-2-16　COTDR 原理结构图 2[63]

2016 年，电子科技大学的饶云江团队提出了基于 90°光混频器的 I/Q 零差解调检测的 COTDR 方案，其原理结构图如图 1-2-17 所示。本振光与后向瑞利散射光分别注入 90°光混频器，生成精确的 I/Q 信号，此方法有利于消除偏振衰落带来的影响。使用 PZT 模拟实现了动态应变实验测试，如图 1-2-18 和图 1-2-19 所示，实现了振动信号的幅值、频率的解调及不同频率信号的还原，实现了传感距离为 12.56km、空间分辨率为 10m 的系统测试效果。

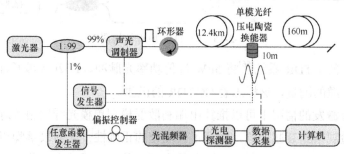

图 1-2-17　基于 I/Q 零差解调检测的 COTDR 原理结构图[64]

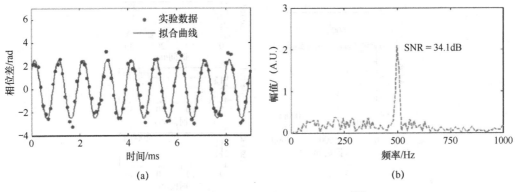

图 1-2-18　振动信号时频域解调结果图[64]

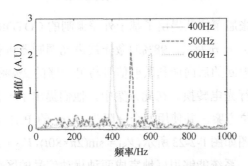

图 1-2-19　不同频率的振动信号解调结果图[64]

2017 年，中国科学院上海光学精密机械研究所的叶青团队[65]提出了基于相位解调双脉冲的 COTDR 方案，如图 1-2-20 所示。为了消除干涉衰落导致的假信号，设计了时延可调的迈克尔逊干涉，将经声光调制器调制后的脉冲光变化为 0/π 相位交替变化的双脉冲，分别接收奇数序列和偶数序列实现对扰动信号的解调，实现了正弦波、方波及三角波信号的解调，信噪比达到 20dB，如图 1-2-21 所示。采用时域排序多频光源技术在 9.6km 的传感距离内实现了高达 0.5MHz 的扰动信号的解调目的。

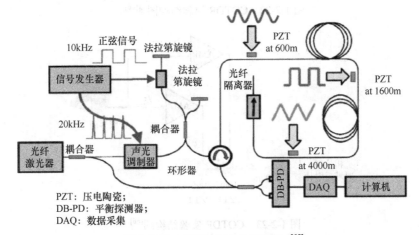

图 1-2-20　COTDR 原理结构图 3[65]

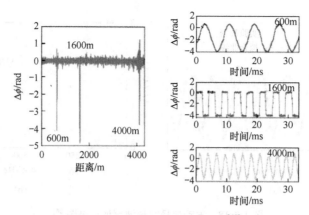

图 1-2-21   COTDR 实验结果 1[65]

2017 年，南京大学的张旭苹团队提出了基于外差调制的 COTDR 方案，如图 1-2-22 所示。将高相干激光模块发出的光一分为二，98%的激光被声光调制器进行移频调制为脉冲光并注入传感光纤，从传感光纤返回的后向瑞利散射信号与另一路的 2%激光在耦合器处发生干涉，干涉光进入平衡探测器进行光电转换。在此方案中，他们提出了一种基于光纤上两个位置之间的时间差的扰动信号定位方案，并使用两个间隔为 0.3m 的 PZT 模拟两个同时发生的扰动信号源，COTDR 实验结构图如图 1-2-23 所示，$V_{S1} = \sin(2\pi \times 80t)$，$V_{S2} = \sin(2\pi \times 45t) + \sin(2\pi \times 90t)$，实验结果如图 1-2-24 所示，系统能够很好地完成两种扰动信号的区分。

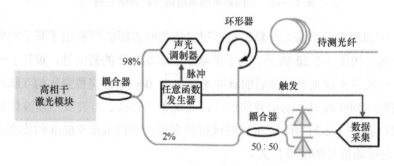

图 1-2-22   COTDR 原理结构图 4[66]

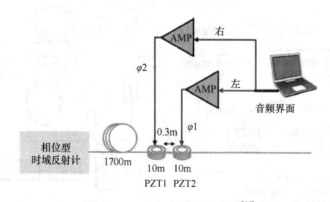

图 1-2-23   COTDR 实验结构图[66]

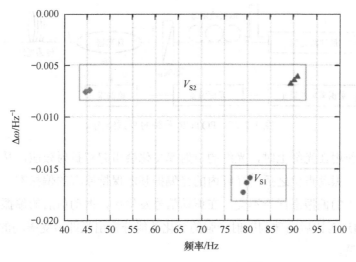

图 1-2-24　COTDR 实验结果 2[66]

在上述的诸多 COTDR 方案中，一般都需要采用频率稳定性好且线宽窄的激光器作为光源，这是因为自外差过程是后向瑞利散射光与本振光的卷积，激光器的线宽决定了中频信号的带宽，中频信号的带宽越窄，对消除信号的干扰越有利。激光器的频率稳定性在 COTDR 系统中也是非常重要的，探测光信号在被测光纤中往返需要一定的时间，在此时间内，本振光的频率发生了改变，导致外差中频信号发生改变，如果频率改变较大，那么中频信号跳到带通滤波器通带以外，会导致探测光信号的丢失，影响系统的测量精度。

（4）偏振光时域反射计（Polarization OTDR，POTDR）技术

POTDR 技术是一种测量光背向瑞利散射信号中偏振信息的技术，可用于测量沿光纤长度方向的光纤中的偏振态分布，从而完成分布式光纤传感检测。目前 POTDR 技术采用线偏振光测量方法，为了保证注入光纤的光功率最大，POTDR 系统中需要偏振控制器，为了完成某偏振态的光功率的检测，系统中一般需要起偏器和检偏器[67,68]。

POTDR 系统的两种测试结构如图 1-2-25、图 1-2-26 所示，两种测试结构的不同之处是起偏器和检偏器的使用位置，如图 1-2-25 所示，将起偏器和检偏器（偏振器包括起偏器和检偏器）与传感光纤直接连接，此结构不仅实现了对注入光起偏，而且实现了后向瑞利散射光检偏。如图 1-2-26 所示，将起偏器放置于环形器的端口 1 处，而将检偏器放置在环形器的端口 3 处。

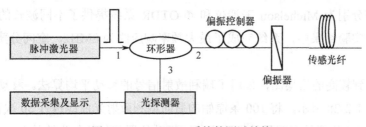

图 1-2-25　POTDR 系统的测试结构 1

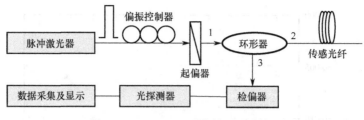

图 1-2-26 POTDR 系统的测试结构 2

当振动信号作用在光纤上时，光纤的折射率变化会引起双折射效应，从而改变光纤振动点处的光偏振态，振动点位之后的光纤内的光偏振基本保持原有的偏振态。后向瑞利散射是弹性散射，散射点的偏振态保持不变，在振动信号发生后，振动前后的偏振态的光强将发生变化，POTDR 通过对比后向瑞利散射光强的变化就能分析出光纤所受振动的位置，完成分布式振动传感的测量。

通过研究偏振时域反射技术的产生机理、数据采集方面对测试精度的影响，POTDR[71] 系统实现了检测距离为 1km、空间分辨率为 10m 及最大频率响应为 5kHz 的测量。中国科学院半导体研究所的 Tong Y W[72] 同时检测多事件的 POTDR 系统，使用保偏光纤作为分布式压力传感器，实现了对 3 个事件的检测。

在 POTDR 系统中，如果传感光纤周围同时有多个振动信号产生，那么传感光纤后面的振动信号产生的偏振态变化有较大的概率会浸没在首个振动信号处的偏振态变化中，所以 POTDR 可能无法实现多点振动信号同时发生时的多点定位。此外，光的偏振特性非常容易受到检测环境中的随机因素的影响，从而导致 POTDR 系统测量不稳定。

1.2.3 并联复合型分布式光纤传感技术

并联复合型分布式光纤传感技术是指将 Michelson、Mach-Zehnder、Sagnac 等光纤干涉仪与 Φ-OTDR 系统并联连接的技术，两套系统独立运行，其中，光纤干涉仪负责实现外界扰动事件信息的时频信息（幅值、相位、频率等相关信息）的解调，Φ-OTDR 系统完成位置信息的解调。

2014 年，重庆大学的肖向辉[73] 为了实现高频率响应和高空间分辨率的同时测量，提出了 Michelson 干涉技术与 Φ-OTDR 技术相结合的分布式测量方法，系统光路原理结构图如图 1-2-27 所示，Michelson 干涉仪负责实现高频率信号的还原，后向瑞利散射信号负责实现振动信号的定位，此系统分别为 Michelson 干涉仪和 Φ-OTDR 系统提供了不同波长的连续光和脉冲光。在本方案的实验结果中，系统完成了最大频率响应约为 8MHz、空间分辨率约为 2m 的振动信号还原。

系统为了得到较高的信噪比，采用了瑞利散射信号的移动平均算法。移动平均后的瑞利散射信号图如图 1-2-28 所示，将 100 条原始的后向瑞利散射光曲线进行 50 次移动平均算法，在传感光纤的 600m 位置处有明显的幅值变化，振动位置信号的信噪比达到 4.8dB。

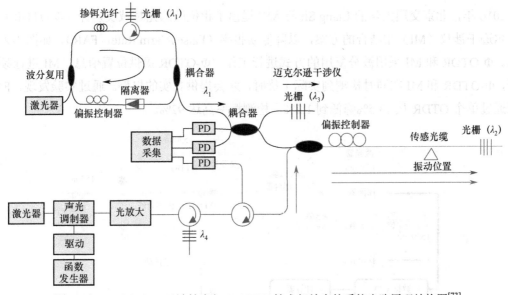

图 1-2-27　Michelson 干涉技术与 Φ-OTDR 技术相结合的系统光路原理结构图[73]

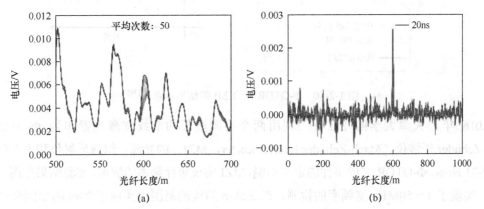

(a)　　　　　　　　　　　　　　　(b)

图 1-2-28　移动平均后的瑞利散射信号图[73]

铅笔破裂声音引起的频率范围较宽，图 1-2-29 描述的是有和没有铅笔破裂声音这两种情况下的频谱图，达到了约 8MHz 频率响应的测量。

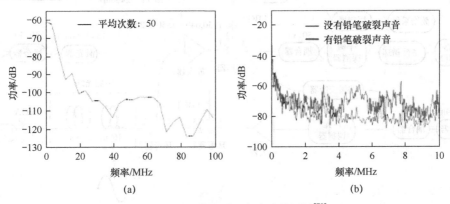

(a)　　　　　　　　　　　　　　　(b)

图 1-2-29　铅笔破裂声音实验结果图[73]

2016 年，北京交通大学的 Liang Sh 等人[74]提出了相位敏感光时域反射计（Φ-OTDR）和迈克尔逊干涉仪（MI）相结合的方案，以降低误报率（False Alarm Rate，FAR），如图 1-2-30 所示。Φ-OTDR 和 MI 采用波分复用的方式进行工作，Φ-OTDR 提供位置信息，MI 进行频域分析，Φ-OTDR 和 MI 在同时检测到实际干扰时，才会提供真实的报警。通过实验发现，FAR 可以通过单个 OTDR 从 13.5%降低到 1.2%，检测概率高达 92%。

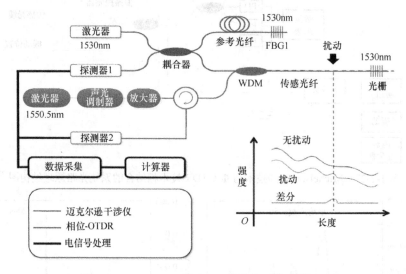

图 1-2-30　Φ-OTDR 结合 MI 的结构示意图[74]

2016 年，天津大学的 Shi Y[75]利用两个不同波长的窄线宽激光器作为 Φ-OTDR 和 Mach-Zehnder 干涉仪（Mach-Zehnder Interferometer，MZI）的光源，组成反射仪和干涉仪，如图 1-2-31 所示。Φ-OTDR 完成事件的定位功能，MZI 实现事件频率的解调，实验结果如图 1-2-32 所示，实现了 1～50MHz 宽频率的检测，在 2.5km 的检测范围内实现了 20m 的空间分辨率的检测。

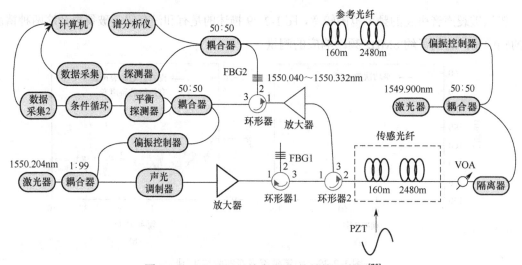

图 1-2-31　Φ-OTDR 结合 MZI 的结构示意图[75]

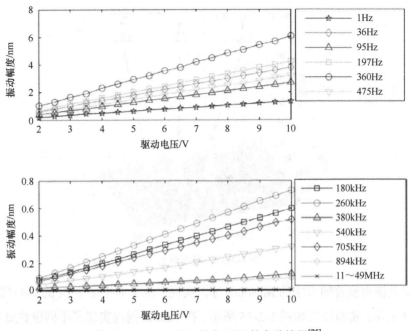

图 1-2-32　Φ-OTDR 结合 MZI 的实验结果[75]

1.2.4　串联复合型分布式光纤传感技术

串联复合型分布式光纤传感技术是指 Michelson、Mach-Zehnder、Sagnac 等光纤干涉仪与 Φ-OTDR 系统串联连接的技术，两套系统合二为一、协调运行，通过脉冲光的时延差来实现外界扰动事件的位置及解调后向瑞利散射光的相位信息来实现外界扰动事件的时频信息（幅值、相位、频率等相关信息）的检测。

2000 年，Jr R P 和 Johnson G A[76]等人提出了后向散射技术与干涉仪技术复合型分布式光纤传感系统，实现了光纤不同位置处的后向瑞利散射光干涉，完成了干涉光的相位解调，实现了检测长度为 400m 的传感实验。2004 年，美国海军研究实验室进一步研究改进复合型干涉型分布式光纤传感系统[77]，把脉冲光序列注入传感光纤，通过改变 MZI 的臂长差来调节匹配干涉的不同光纤散射区域内的两束后向散射光发生干涉。当外界振动信号施加在光纤上时，会导致光纤内的后向瑞利散射光相位发生变化，经非平衡 MZI 调节，后向瑞利散射光发生干涉，干涉信号包含外界振动信号导致的后向瑞利散射光的相位变化。解调干涉光的相位信息，便可以获取外界振动信号的时频信息。

2004 年，NRL 对一段 180m 的光纤进行测试，测试结果如图 1-2-33 所示，将不同频率（分别为 800Hz、1000Hz 和 1200Hz）的振动信号同时施加在间隔为 10m 的传感光纤上。实验结果表明，系统实现了对不同频率信息的解调，并还原了振动信号的幅值。

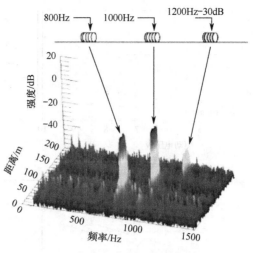

图 1-2-33　测试结果

2013 年，英国南安普顿大学的 Masoudi 等人实现了基于非平衡 MZI 的 **Φ-OTDR**，其原理图如图 1-2-34 所示，实验结果如图 1-2-35 所示。在 1km 范围内实现了不同位置处不同频率的动态应变测量[78]，最小可探测应变为 80nε，并总结了该系统对声波的响应能力。相比之前的 **Φ-OTDR**[79]，其传感性能向前迈进了一大步。

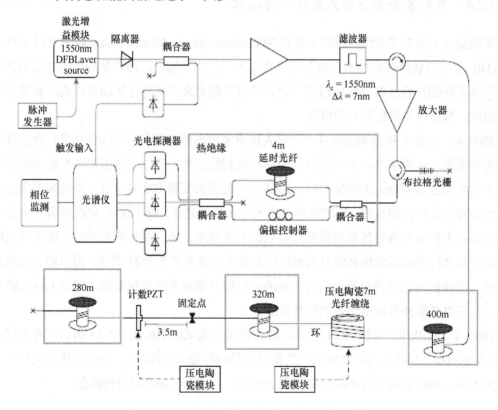

图 1-2-34　基于非平衡 MZI 的 **Φ-OTDR** 原理图

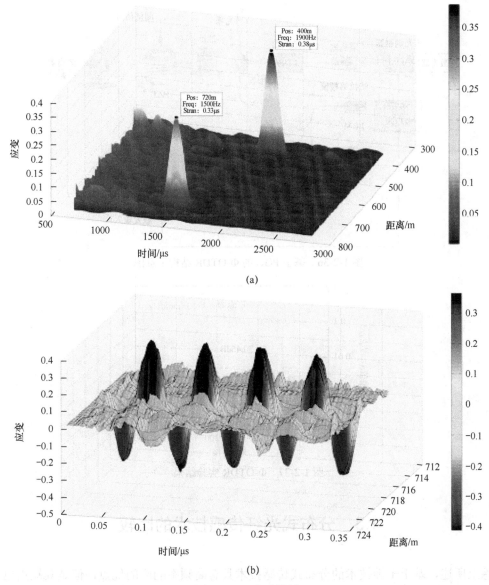

图 1-2-35　实验结果

2015 年，中国科学院半导体研究所的 Fang G S 等人[80]提出了基于相敏光时域反射计（Φ-OTDR）和相位生成载波（Phase Generate Carrier，PGC）解调算法的分布式光纤传感方案，基于 PGC 的 Φ-OTDR 结构示意图如图 1-2-36 所示。在系统的接收端引入了非平衡迈克尔逊干涉仪，含有扰动信号的后向瑞利散射光将在迈克尔逊干涉仪中产生干涉，利用相位载波解调算法来解调出瑞利散射信号的相位信息，通过实验测试得到 Φ-OTDR 系统的噪声约为 $3\times10^{-3}\mathrm{rad}/\sqrt{\mathrm{Hz}}$，信噪比约为 30.45dB，如图 1-2-37 所示，并且 Φ-OTDR 系统实现了传感距离为 10km、空间分辨率为 6m 的实时测量。

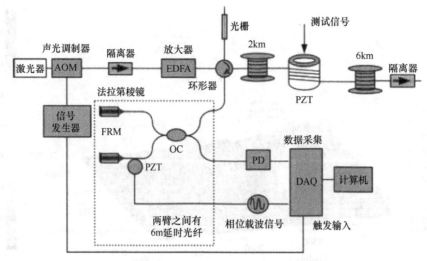

图 1-2-36　基于 PGC 的 Φ-OTDR 结构示意图

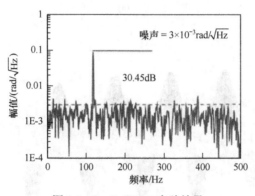

图 1-2-37　Φ-OTDR 实验结果

1.3　分布式光纤传感技术的比较

综上所述，基于干涉技术的分布式传感技术具有高频率响应的优点，但是其缺点也比较明显，如干涉仪比较容易受环境因素的干扰、无法实现多点扰动信号的同时定位，定位信号处理方法复杂、系统空间分辨率低等。另外，采用 OTDR 技术的分布式传感技术由基于光纤的瑞利散射、布里渊散射及拉曼散射这 3 种散射组成，其中，拉曼散射主要用来测量沿光纤分布的温度；布里渊散射用来测量沿光纤的静态应变及温度；瑞利散射能够实现动态应变的检测，应用范围更加广阔，所以基于瑞利散射的传感技术是目前研究的前沿和热点。

基于瑞利散射的分布式光纤传感技术包括 OTDR、Φ-OTDR、POTDR、COTDR 等，如表 1-3-1 所示，采用强度解调方式的 OTDR、POTDR 虽然具有定位精确、信号算法简单等优点，但需要多次平均以提高信号的信噪比，这会导致系统的测量频率响应和灵敏度都难以提高。采用相位解调方式的 Φ-OTDR 只实现了探测光脉冲宽度范围内不同散射点之间的后向瑞利散射光干涉信号的相位解调，信号的信噪比不高；采用相位解调方式的 COTDR 采用本振光与后向瑞利散射光干涉，光路及解调算法较复杂，且对激光器性能的要求较高。

表 1-3-1 基于瑞利散射的分布式光纤传感技术

实现方案	解调类型	光源要求	探测方法	全信息解调
OTDR	强度	窄带	直接	否
Φ-OTDR	相位	窄线宽	相干	是
POTDR	强度	窄线宽	直接	否
COTDR	相位	窄线宽	相干	是

近几年来，研究人员将后向瑞利散射分布式光纤传感技术与干涉仪技术相结合，提出了并联、串联复合型分布式光纤传感技术。复合型分布式光纤传感技术如表 1-3-2 所示。Michelson 干涉仪（MI）和 Φ-OTDR 并联结合、Mach-Zehnder 干涉仪（MZI）和 Φ-OTDR 并联结合的技术，此技术兼备了干涉仪与 OTDR 的优点，但系统采用了波分复用技术，这会使得系统结构复杂，并且在多事件发生时，事件的频率、幅值等信息无法与位置相对应；非平衡 MZI 和 Φ-OTDR 串联结合，实现了后向瑞利散射信息的干涉，此技术采用单一光源，光路系统简单，但具有易受环境、后向瑞利散射偏振的影响等缺点；MI 和 Φ-OTDR 串联结合，该系统受相位生成载波（PGC）解调算法的约束，动态范围受到限制。

表 1-3-2 复合型分布式光纤传感技术

实现方案	光源个数	复用模式	系统优点	系统缺点
MI+Φ-ODR	两个	并联	高频信息解调	光路复杂；位置与事件无法对应
MZI+Φ-OTDR	两个	并联	高频信息解调	光路复杂；位置与事件无法对应
Φ-OTDR（MI）	一个	串联	多事件同步解调	PGC 动态范围受载波频率的限制
Φ-OTDR（MZI）	一个	串联	多事件同步解调	易受环境、偏振等因素的影响

综上所述，现有的基于瑞利散射的分布式光纤传感技术和复合型分布式光纤传感技术具有各自的缺点，不能完全满足声波信号的实时分布式检测。鉴于上述的优点和缺点，本书将提出一种基于光纤瑞利散射空间差分干涉的分布式声波检测方案，用于声波信号的实时分布式检测。

本 章 小 结

光纤传感器按照传感范围及原理可以分为点式、准分布式及分布式三大类，简述分布式光纤传感技术的概念，并对分布式光纤传感技术的两大类（基于干涉技术的分布式光纤传感技术和基于后向散射技术的分布式光纤传感技术）进行详细描述，最后对几种基于后向散射技术的分布式光纤传感技术的优点和缺点进行对比。本章从光纤传感入手，层层推进，逐渐趋于细致，最后介绍基于后向散射技术的分布式光纤传感技术。

习　题

1．光纤作为传感器的优势有哪些？

2．谈谈你对分布式光纤传感技术的理解。

3．分布式光纤传感技术按照原理可分为哪几类？

4．简述光纤中三种散射的区别。

5．在光纤传感器中，常用的干涉仪有哪些？

6．简述 Φ-OTDR 系统的工作原理。

7．比较 Φ-OTDR 与 COTDR，分析其优点和缺点。

8．比较 BOTDR 与 BOTDA，分析其优点和缺点。

参 考 文 献

[1] 赵仲刚. 光纤通信与光纤传感[M]. 上海：上海科学技术文献出版社，1993.

[2] Rogers A J. Polarization-optical time domain reflectometry: a technique for the measurement of field distributions[J]. Applied Optics, 1981, 20(6): 1060-1074.

[3] 黎敏，廖延彪. 光纤传感器及其应用技术[M]. 武汉：武汉大学出版社，2008.

[4] 王祥传. 融合弱光栅的改进型瑞利分布式光纤传感系统[D]. 南京：南京大学，2015.

[5] 任广. 干涉型分布式光纤周界及其定位技术研究[D]. 武汉：武汉邮电科学院，2014.

[6] 赵勇. 光纤传感原理与应用技术[M]. 北京：清华大学出版社，2007.

[7] 范登华. 分布式光纤振动传感器的研究[D]. 成都：电子科技大学，2009.

[8] Kennedy R J. A Refinement of the Michelson-Morley Experiment[J]. Proceedings of the National Academy of Sciences, 1926, 12(11): 621-629.

[9] Hong X B, Wu J, Zuo C. Dual Michelson interferometers for distributed vibration detection[J]. Appl. Opt., 2011, 50(22): 4333-4338.

[10] Legre M, Thew R, Zbinden H. High resolution optical time domain reflectometer based on 1.55μm up-conversion photon-counting module[J]. Opt. Express, 2007, 15(13): 8237-8242.

[11] Sun Q Z, Liu D M, Wang J. Distributed fiber-optic vibration sensor using a ring Mach-Zehnder interferometer[J]. Opt. Commun., 2008, 281(6): 1538-1544.

[12] 范彦平，巫建东，翟玉锋. 分布式光纤 Sagnac 定位传感技术评述[J]. 传感器与微系统，2008，27(11)：8-10.

[13] Dakin J P, Pearce D A, Strong A P. A novel distributed optical fiber sensing system enabling location of disturbances in a Sagnac loop interferometer[J]. Proc. of SPIE, 1987, 838: 325-328.

[14] Wang H, Sun Q Z, Li X L. Improved location algorithm for multiple intrusions in distributed Sagnac fiber sensing system[J]. Opt. Exp., 2014,22(7):7587-7597.

[15] Li J, Ning T, Pei L. Photonic generation of triangular waveform signals by using a dual-parallel Mach-Zehnder modulator[J].Opt. Lett. 2011,36(19):3828-3830.

[16] Jiang L H, Yang R Y. Identification technique for the intrusion of airport enclosure based on double Mach-Zehnder interferometer[J]. J. Comput., 2012,7(6):1453-1458.

[17] Zhang G, Xi C, Liang Y. Dual-Sagnac optical fiber sensor used in acoustic emission source location[C]. Proceedings of IEEE Conference on Cross Strait Quad-Regional Radio Science and Wireless Technology, IEEE, 2011, 1598-1602.

[18] Bian P, Wu Y, Jia B. Dual-wavelength Sagnac interferometer as perimeter sensor with Rayleigh backscatter rejection[J].Opt. Eng., 2014,53(4):044111.

[19] Kondrat M, Szustakowski M, Palka N. A Sagnac-Michelson fibre optic interferometer: signal processing for disturbance localization[J].Opto-Electron. Rev., 2007,15(3):127-132.

[20] Chen Q M, Jin C. A distributed fiber vibration sensor utilizing dispersion induced walk-off effect in a unidirectional Mach-Zehnder interferometer[J].Opt. Exp. 2014,22(3):2167-2173.

[21] Wei P, Shan X K, Sun X H. Frequency response of distributed fiber-optic vibration sensor based on non-balanced Mach-Zehnder interferometer[J].Opt. Fiber Technol., 2013,19:47-51.

[22] 周琰，靳世久. 管道泄漏检测分布式光纤传感技术研究[J]. 光电子激光，2005，16(8)：935-938.

[23] Spammer S J, Swart P L, Chtcherbakov A A. Merged Sagnac-Michelson interferometer for distributed disturbance detection[J]. J. Lightw. Technol., 1997,15(6): 972-976.

[24] Chtcherbakov A A, Swart P L, Spammer S J. Mach-Zehnder and modified Sagnac distributed fiber-optic impact sensor[J]. Appl. Opt., 1998, 37(16): 3432-3437.

[25] Xie S R, Zou Q L, Wang L W. Positioning error prediction theory for dual Mach-Zehnder interferometric vibration sensor[J]. J. Lightw. Technol., 2011, 29(3): 362-368.

[26] 胡君辉. 基于瑞利和布里渊散射效应的光纤传感系统的研究[D]. 南京：南京大学，2013.

[27] 许卫鹏. 分布式光纤拉曼测温系统设计及 APD 处于盖革模式的研究[D]. 太原：太原理工大学，2015.

[28] 王延年，赵玉龙，朱笠，等. 分布式光纤传感器在管道泄漏检测中的应用[J]. 郑州大学学报（理学版），2003，35(2)：34-37.

[29] Suh K, Lee C. Auto-correction method for differential attenuation in a fiber optic distributed temperature sensor [J]. Optics Letters, 2008, 33(16): 1845-1847.

[30] 裘超. 基于光相干检测布里渊光纤时域反射计的双参量分布式光纤传感器[D]. 浙江：浙江大学，2010.

[31] Tkach R W, Chraplyvy A R Derosier R M. Spontaneous brillouin scattering for single-mode optical fibre characterisation[J]. Electronics Letters, 1986, 22(19): 1011-1013.

[32] Horiguchi T, Mitsuhiro T. Optical-fiber-attenuation investigation using stimulated Brillouin scattering between a pulse and a continuous wave[J]. Optics Letters, 1989, 14(8): 408-410.

[33] Horiguchi T, Mitsuhiro T. BOTDA-Nondestructive Measurement of Single-Mode Optical Fiber Attenuation Characteristics Using Brillouin Interaction Theory[J]. Journal of Lightwave Technology, 1989. 7(8): 1170-1176.

[34] 茅志强. 基于 BOTDA 的分布式光纤传感研究[D]. 南京：南京邮电大学，2013.

[35] Culverhouse D, Frahi F, Pannell C N. Potential of stimulated Brillouin scattering as sensing mechanism for distributed temperature sensor[J]. Electron. Lett.,1989,25:913-914.

[36] Shiraz H G, Okoshi T. Optical-fiber diagnosis using optical-frequency-domain reflectometry[J]. Optics Letters., 1985,10(3): 160-162.

[37] Dieter G, Katerina K, Frank S. Distributed sensing technique based on Brillouin optical-fiber frequency-domain analysis [J]. Optics Letters.,1996, 21(17): 1402-1404.

[38] Takemi H, Kazuo H. Measurement of Brillouin gain spectrum distribution along an optical fiber by direct frequency modulation of a laser diode. Part of the SPIE conference on fiber optic sensor technology and applications[C]. Boston, Massachusetts, 1999: 306-316.

[39].Bamoski M. K. Optical time domain reflectometer[J].Applied optics,1977,16(9):2375-2379.

[40] Aoyama K, Nakagawa K, Itoh T. Optical time domain reflectometry in a single-mode fiber[J]. IEEE Journal of Quantum Electronics, 1981, 17(6): 862-868.

[41] Barnoski M K, Jensen S M. Fiber waveguides: A novel technique for investigating attenuation characteristics[J]. Appl. Opt., 1976, 15(9): 2112-2115.

[42] Personik S D. Photon probe-an optical fiber time-domain reflectometer[J]. The Bell System Technical Journal, 1977, 56(3): 355-366.

[43] Brinkmeyer E. Backscattering in single-mode fibers[J]. Electro. Lett., 1980, 16(9): 329-330.

[44] Heckmann S, Brinkmeyer E, Strecket J. Long-range backscattering experiments in single-mode fibers[J]. Opt. Lett., 1981, 6(12): 634-635.

[45] Hartog A H, Gold M P. On the theory of backscattering in single-mode optical fiber[J]. J.Lightw. Technol., 1984, LT-2(2): 76-82.

[46] 王坤. 基于相位敏感光时域反射计的多功能光纤安防系统实用化技术研究[D]. 上海：东华大学，2015.

[47] Taylor H F, Lee C E. Apparatus and method for fiber optic intrusion sensing[P]. US: 5194847, 1993-05-16.

[48] Park J, Lee W, Taylor H F. Fiber optic intrusion sensor with the configuration of an optical time-domain reflectometer using coherent interference of Rayleigh backscattering[C]. International Society for Optics and Photonics, 1998: 3555: 49-56.

[49]Peng F, Wu H, Jia X H. Ultra-long high-sensitivity Φ-OTDR for high spatial resolution intrusion detection of pipelines[J]. Optics Express, 2014, 22(11): 13804-13810.

[50] Wang Ch, Wang Ch, Shang Y. Distributed acoustic mapping based on interferometry of phase optical time-domain reflectometry[J]. Optics Communications, 2015, 346:172-177.

[51] Zhou L, Wang F, Wang X C. Distributed Strain and Vibration Sensing System Based on Phase-Sensitive OTDR[J]. IEEE Photonics Technology Letters, 2015, 27(17):1884-1887.

[52] 李建中，饶云江，冉曾令. 基于 Φ-OTDR 和 POTDR 结合的分布式光纤微扰传感系统[J]. 光子学报，2009，38(5)：1108-1113.

[53] 杨斌，皋魏，席刚. Φ-OTDR 分布式光纤传感系统的关键技术研究[J]. 光通信研究，2012，(4)：19-22.

[54] 谢孔利，饶云江，冉曾令. 基于大功率超窄线宽单模光纤激光器的 Φ-光时域反射计分布式光纤传感系统[J]. 光学学报，2008，28（3）：569-572.

[55] 刘双柱. 基于 C-OTDR 原理 DAS 系统降噪关键技术的研究[D]. 秦皇岛：燕山大学，2013.

[56] Healey P, Malyon D. OTDR in single-mode fiber at 1.5um using heterodyne detection[J]. Electron. Lett., 1982, 18(20): 862-863.

[57] Healey P. Fading in heterodyne OTDR[J].Electron. Lett., 1984, 20(1): 30-32.

[58] Healey P. Fading rates in coherent OTDR[J]. Electron. Lett., 1984,20(11):443-444.

[59] King J P, Smith D F, Richads K. Epworth. Development of a coherent OTDR instrument[J]. Journal of Lightwave Technology, 1987, 5(4): 616-624.

[60] Koyamada Y, Imahama Mi, Kubota K. Fiber-Optic distributed strain and temperature sensing with very high measure and resolution over long range using coherent OTDR[J]. Journal of Lightwave Technology, 2009, 27(9): 1142-1146.

[61] 李荣伟，李永倩，杨志. 基于相干光时域反射计的光纤温度传感测量[J]. 光子学报，2011，39（11）：1988-1992.

[62] Liokumovich L B, Ushakov N A. Fundamentals of Optical Fiber Sensing Schemes Based on Coherent Optical Time Domain Reflectometry: Signal Model Under Static Fiber Conditions[J]. Journal of Lightwave Technology, 2015, 33(17):3660-3671.

[63] Yang G Y, Fan X Y, Wang S. Long-Range Distributed Vibration Sensing Based on Phase Extraction From Phase-Sensitive OTDR[J]. IEEE Photonics Journal,2016,8(3):1-12.

[64] Wang Z N, Zhang L, Wang S. Coherent Φ-OTDR based on I/Q demodulation and homodyne detection[J]. OPTICS EXPRESS,2016,24(2): 853-858.

[65] 叶青，潘政清，王照勇. 相位敏感光时域反射仪研究和应用进展[J]. 中国激光，2017，44（6）：0600001.

[66] Tu G J, Yu B L, Zhen S L. Enhancement of Signal Identification and Extraction in a Φ-OTDR Vibration Sensor[J]. IEEE Photonics Journal,2017,9(1): 1-10.

[67] Zhang Z, Bao X. Distributed optical fiber vibration sensor based on spectrum analysis of polarization-OTDR system[J].Opt. Expr,2008, 16(14):10240-10247.

[68] 朱燕. 基于偏振态探测的分布式光纤振动传感器[D]. 成都：电子科技大学，2011.

[69] 董贤子，吴重庆，付松年. 基于 POTDR 分布式光纤传感中信息提取的研究[J]. 北方交通大学学报，2003，27（6）：106-110.

[70] 倪东，吴重庆，付松年. 基于 FPGA 的偏振敏感时域反射信号采集处理系统[J]. 光子技术，2005，9（3）：131-137.

[71] Zhang Z. Y, Bao X. Y. Distributed optical fiber vibration sensor based on spectrum analysis of

Polarization-OTDR system[J]. Opt. Exp., 2008, 16(14): 10240-10247.

[72] Tong Y W, Dong H, Wang Y X. Distributed incomplete polarization-OTDR based on polarization maintaining fiber for multi-event detection[J]. Optics Communications, 2015,357:41-44.

[73] 肖向辉. 基于干涉和 Φ-OTDR 复合的分布式光纤振动传感技术的研究[D]. 重庆：重庆大学，2014.

[74] Liang Sh, Sheng X Z, Lou S Q. Combination of Phase-Sensitive OTDR and Michelson Interferometer for Nuisance Alarm Rate Reducing and Event Identification[J]. IEEE Photonics Journal,2016,8(2):6802112.

[75] Shi Y, Feng H, Zeng Z M. Distributed fiber sensing system with wide frequency response and accurate location[J]. Optics and Lasers in Engineering, 2016, 77:219-224.

[76] Jr R P, Johnson G A, Vohra S T. Strain sensing based on coherent Rayleigh scattering in an optical fibre[J]. Electronics Letters, 2000, 36(20): 1688-1689.

[77] Kirkendall C K, Bartolo R E, Tveten A B. High-Resolution Distributed Fiber Optic Sensing[J]. NRL Review, 2004, 179-181.

[78] Masoudi A, Belal M, Newson T P. A distributed optical fibre dynamic strain sensor based on phase-OTDR[J]. Meas. Sci. and Technol., 2013, 24(8): 85204.

[79] Masoudi A, Belal M, Newson T P. Distributed optical fibre audible frequency sensor[C]. International Society for Optics and Photonics, 2014.

[80] Fang G S, Xu T W, Feng S W. Phase-Sensitive Optical Time Domain Reflectometer Based on Phase-Generated Carrier Algorithm[J]. Journal of Lightwave Technology,2015,33(13):2811-2815.

第2章 分布式光纤声振技术原理

内容关键词

- 瑞利散射
- 相干光激励、相干光激励后的瑞利散射模型
- 空间差分干涉的声波相位检测

本章将在瑞利散射原理的基础上重点研究光纤中的后向瑞利散射光的强度分布和相位分布特性，在此基础上提出高相干光激励后向瑞利散射离散模型，阐述离散模型中的点振动信号的空间展宽理论。

2.1 瑞利散射原理

2.1.1 瑞利散射

由分子理论可知，当激光射入传播介质时，介质内的粒子将受迫振动，激发出相干的次波，传播介质内的物质分子密度均匀，受迫振动激发出的干涉次波将遵从几何光学规律，但是在微观物质世界中，物质分子密度是不会绝对均匀的，所以本书中所描述的"均匀"的衡量是以光波长（10^{-5}cm）为单位的[1]。

若传输介质的分子密度不具有均匀性，换言之，分子密度的不均匀性大于光波长范围，则在此情况下，光波将产生比较大的强度差别的次波源。如图 2-1-1 所示，光波在传输过程中产生了其他方向的光线，此方向的光称为散射光。图 2-1-1（a）所示为微粒尺寸较大，导致光波发生反射的情形；图 2-1-1（b）所示为微粒尺寸比波长小，导致光波发生散射的情形。

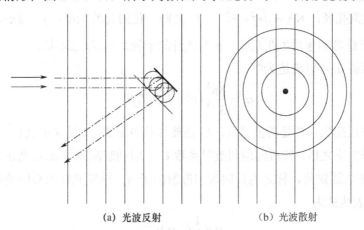

(a) 光波反射　　　　　　　　(b) 光波散射

图 2-1-1　光波散射原理图

英国物理学家瑞利在科学实验中发现了瑞利散射现象，其主要特点如下[2]。

（1）瑞利散射是弹性散射，具有散射光频率与入射光频率保持一致的特性。

（2）瑞利散射光强 $I(\lambda)$ 反比于入射波长 λ 的 4 次方，即

$$I(\lambda) \propto \frac{1}{\lambda^4} \tag{2-1-1}$$

（3）不同散射方向的散射光强不同，即

$$I(\theta) = I_0(1 + \cos\theta) \tag{2-1-2}$$

式中，θ 是散射光与入射光的方向夹角，I_0 是 $\theta = \pi/2$ 的散射光强。

2.1.2　光纤中后向瑞利散射光的强度分布

热扰动会导致光纤密度不均匀及光纤不纯净（如产生浓度不均匀的氧化物），这两种情况是造成光纤折射率不均匀的主要原因，因为光纤中的不均匀结构的尺寸一般小于入射光的波长，所以入射光在光纤中传输时会产生瑞利散射现象。

设入射到光纤中的脉冲光的功率为 P_0，距离光纤初始端 L 处的后向瑞利散射光功率 $P_{BS}(L)$[3] 的表达式为

$$P_{BS}(L) = \frac{1}{2} v_g \tau C_R \alpha_s P_0 e^{-2\alpha L} \tag{2-1-3}$$

式中，v_g 为光在光纤中的传播速度，τ 为入射到光纤中的脉冲光的宽度，C_R 为后向瑞利散射系数，即后向瑞利散射功率与总瑞利散射功率之比，α_s 为瑞利衰减系数，α 为光纤衰减系数，L 为从光纤初始端到散射点的距离。

光纤中各个角度瑞利散射的方向服从随机分布，只有沿光纤轴向散射的瑞利散射光才能被探测器捕获，后向瑞利散射系数 C_R 可以描述为

$$C_R = \frac{\frac{3}{2} NA^2}{V^2 \left(\frac{\omega_0^2}{a^2} \right) n_1^2} \tag{2-1-4}$$

式中，NA 为数值孔径，$NA = \sqrt{n_1^2 - n_2^2}$，$V$ 为归一化的光波频率，$V = 2\pi a \sqrt{n_1^2 - n_2^2}/\lambda$，$n_1$ 和 n_2 分别为光纤纤芯和包层的折射率，a 为光纤的半径，ω_0 为光斑大小。

瑞利衰减系数 α_s 可以表达为[4]

$$\alpha_s = \frac{8\pi^3}{3\lambda^4} \left(n_1^2 - 1 \right) k_B T_f \beta_T \tag{2-1-5}$$

式中，β_T 是绝热压缩比，T_f 是转换温度，k_B 是玻耳兹曼常数，λ 是光的波长。

光纤在制作完毕之后，其后向瑞利散射系数 C_R、瑞利衰减系数 α_s 及光在光纤中的传播速度 v_g 的三项乘积为固定值，称之为后向瑞利散射因子 η，单模光纤的后向瑞利散射因子通常取 10W/J[5]，其表达式为

$$\eta = \frac{1}{2} C_R \alpha_s v_g \tag{2-1-6}$$

将式（2-1-6）代入式（2-1-3），得到后向瑞利散射光功率的表达式为

$$P_{BS}(L) = \eta\tau P_0 e^{-2\alpha L} \tag{2-1-7}$$

由式（2-1-7）可以得出：后向瑞利散射光功率曲线具有指数衰减特性，反映了光纤的损耗情况。当光纤发生裂纹、断点、弯曲、连接损耗时，后向瑞利散射光功率发生变化，通过检测脉冲光激发的后向瑞利散射强度，可实现对光纤中上述缺陷的检测。

2.1.3　光纤中后向瑞利散射光的相位分布

光纤中的后向瑞利散射光具有与入射光同频、同偏振态的特性[6]。通过瑞利散射光功率的概率密度函数（Probability Density Function，PDF）的推导可得出入射光的相干长度远远大于光纤长度情况下的瑞利散射光的统计特性[7]。考虑入射光的相干长度远远大于脉冲光"点亮"光纤长度的情况，对每个散射点均可采用随机向量与加入相干背景的叠加模型，该模型需要首先满足以下两个假设：

（1）光纤中的散射点的相位、幅度两种参量是相互独立的；

（2）各个散射点之间的相位、幅度都具有独立性。

假设 l_0 处的一个散射点，某一时刻 t_0 到这点的入射光振幅为 E_s、相位为 Φ_1，则 $I_s = E_s^2$ 为入射光的功率，设此时刻瑞利散射光的振幅为 E_b，瑞利散射光的相位为 Φ_2，则 $I_b = E_b^2$ 为瑞利散射光的功率，$\Delta\Phi = \Phi_1 - \Phi_2$ 为瑞利散射光与入射光的相位差，此时关于 t_0 时刻 l_0 处瑞利散射光功率 I_b 与相位差 $\Delta\Phi$ 的联合概率密度函数可以写为[8]

$$p(I_b, \Delta\Phi) = \begin{cases} \dfrac{1}{2\pi I_N}\exp\left(-\dfrac{I_b + I_s - 2\sqrt{I_b I_s}\cos\Delta\Phi}{I_N}\right), & I_b \geqslant 0, -\pi \leqslant \Delta\Phi \leqslant \pi \\ 0, & \text{其他} \end{cases} \tag{2-1-8}$$

式中，I_N 为瑞利散射光的平均功率，定义光束比 $r = I_s/I_N$，将联合概率密度函数对功率进行积分，可得相位差 $\Delta\Phi$ 的概率密度函数为

$$p(\Delta\Phi) = \int_0^{+\infty} \frac{1}{2\pi I_N}\exp\left(-\frac{I_b + I_s - 2\sqrt{I_b I_s}\cos\Delta\Phi}{I_N}\right)dI_b \tag{2-1-9}$$

式（2-1-9）中的积分十分复杂，最后整理得[7]

$$p(\Delta\Phi) = \begin{cases} \dfrac{\exp(-r)}{2\pi} + \sqrt{\dfrac{r}{\pi}}\cos\Delta\Phi\exp(-r\sin^2\Delta\Phi)\Psi(\sqrt{2r}\cos\Delta\Phi), & -\pi \leqslant \Delta\Phi \leqslant \pi \\ 0, & \text{其他} \end{cases} \tag{2-1-10}$$

式中，$\Psi(\sqrt{2r}\cos\Delta\Phi) = \dfrac{1}{\sqrt{2\pi}}\displaystyle\int_{-\infty}^{\sqrt{2r}\cos\Delta\Phi}\exp\left(-\dfrac{y^2}{2}\right)dy$。

由式（2-1-10）可以得出：该分布与 r 的取值密切相关，当相干背景很弱（$r\to0$）时，瑞利散射光的相位分布接近于均匀分布，而当相干背景很强（$r\to1$）时，瑞利散射光的相位分布接近于高斯分布，相位差的值绝大多数集中在 $\Delta\Phi=0$ 附近，因此可以近似认为光纤上任意点的后向瑞利散射光的相位和入射光在这一散射点的相位相同。

2.2　高相干光激励后向瑞利散射离散模型

当在光纤中注入相干长度长的窄线宽激光时，可以将光纤中的散射点视为一系列离散的反射镜，某个反射镜的反射信号可认为是在单位散射长度 ΔL 范围内随机分布的散射点的后向散射光的矢量和。

单元散射长度 ΔL 定义为

$$\Delta L = \frac{c}{2S_a n_f} \qquad (2\text{-}2\text{-}1)$$

式中，S_a 是系统的采样率，c 是真空中的光速，n_f 是光纤的折射率。

瑞利散射离散模型图如图 2-2-1 所示，设 ΔL 内有 M 个随机分布的、偏振态相同的瑞利散射点，第 p 个反射镜处的光场是 M 个散射点场的矢量和，可以表达为[9]

$$E_b(p) = r_p \exp\left(\mathrm{j}\phi_p\right) = \sum_{m=1}^{M} a_m \exp\left(\mathrm{j}\Omega_m\right) \qquad (2\text{-}2\text{-}2)$$

式中，r_p 是第 p 段光纤的 M 个后向散射点的光场振幅的矢量和，定义为第 p 个反射镜的反射率；ϕ_p 为 M 个后向散射点的相位的矢量和，定义为第 p 个反射镜的相位；a_m 是 ΔL 光纤长度内第 m 个后向散射点的光场振幅，定义 Ω_m 为第 m 个后向散射点的光场的相位。

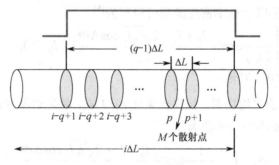

图 2-2-1　瑞利散射离散模型图

脉冲宽度为 W 的激光注入光纤，在不同时刻只有一段光纤中有光，即只有这段光纤被点"亮"，探测器观察到的光纤点亮长度为 $(q-1)\Delta L$，即

$$(q-1)\Delta L = \frac{Wc}{2n_f} \qquad (2\text{-}2\text{-}3)$$

式中，c 是真空中的光速，n_f 是光纤的折射率，q 是点亮光纤内的等效反射镜个数。

如图 2-2-1 所示，距离初始端 $i\Delta L$ 处的后向瑞利散射光的干涉场是第 $i-q-1$ 个到第 i 个等效反射镜的场矢量和，L_i 处的光强表达式为

$$E_b(L_i) = E_0 \sum_{k=i-q+1}^{i} P_k r_k \mathrm{e}^{\mathrm{j}\varphi} \mathrm{e}^{-\alpha k \Delta L} \qquad (2\text{-}2\text{-}4)$$

式中，P_k 是第 k 个等效反射镜的光场偏振态，α 是光纤衰减系数，L_i 是第 i 个单位散射长度的

位置，即 $L_i = i\Delta L$。

由图 2-2-1 及式（2-2-4）所知，L_i 处的后向瑞利散射光的干涉场是第 $i-q+1$ 个到第 i 个等效反射镜的场矢量和，即脉宽内 q 个等效反射镜的场矢量和。

后向瑞利散射光的检测光路如图 2-2-2 所示，将一束光频率为 f、脉冲宽度为 W 的高相干脉冲光在 $t=0$ 时刻从环形器处注入光纤，探测器在 t 时刻得到的光场为

$$E_b(t) = \sum_{k=1}^{N} a_k \cos[2\pi f(t-\tau_k)]\mathrm{rect}(\frac{t-\tau_k}{W}) \tag{2-2-5}$$

式中，a_k 是光场振幅。当 $0 \leqslant (t-\tau_k)/W \leqslant 1$ 时，矩形函数 $\mathrm{rect}[(t-\tau_k)/W] = 1$，其他情况 $\mathrm{rect}[(t-\tau_k)/W] = 0$。$\tau_k$ 是光纤任意第 k 个等效反射镜的时间延迟，其与从输入端到光纤任意第 k 个等效反射镜的光纤长度 L_k 的关系为 $\tau_k = 2n_f L_k/c = 2n_f k\Delta L$，$N$ 是等效反射镜的个数。

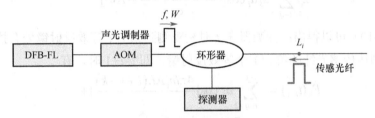

图 2-2-2　后向瑞利散射光的检测光路

假设在第 i 个等效反射镜处（传感光纤的 L_i 处）施加一个扰动信息 $\Delta\Phi$，施加在某一个等效反射镜上的扰动信号称为点扰动信号。传感光纤 L_i 处的局部放大图形如图 2-2-3 所示，探测器观察到的光脉冲前沿到达传感光纤的第 j 个等效反射镜的观测时间 t_j 为

$$t_j = \frac{2n_f L_j}{c} = \frac{2n_f j\Delta L}{c} \tag{2-2-6}$$

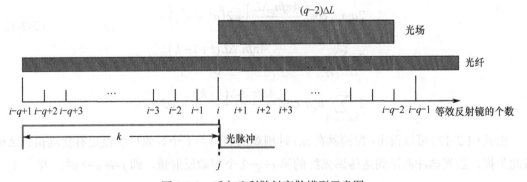

图 2-2-3　后向瑞利散射离散模型示意图

将式（2-2-6）式（2-2-3）代入式（2-2-5），得出

$$E_b(t_j) = \sum_{k=1}^{N} a_k \cos[\frac{4\pi f n_f \Delta L(j-k)}{c}]\mathrm{rect}(\frac{j-k}{q-1}) \tag{2-2-7}$$

如图 2-2-3 所示，在 t_j 时刻，a_k 是探测器观测到的脉冲范围内的第 k 个等效反射镜的光场强度，式（2-2-7）可以改写为

$$E_{\mathrm{b}}(t_j) = \sum_{k=j-q+1}^{j} a_k \cos[\frac{4\pi f n_{\mathrm{f}} \Delta L (j-k)}{c}] \tag{2-2-8}$$

当光脉冲前沿到达传感光纤的第 i 个等效反射镜，即 $j=i$ 时，有

$$E_{\mathrm{b}}(t_i) = \sum_{k=i-q+1}^{i-1} a_k \cos[\frac{4\pi f n_{\mathrm{f}} \Delta L (i-k)}{c}] + a_i \cos \Delta \Phi \tag{2-2-9}$$

探测器观测到的光功率信号 $I_{\mathrm{b}}(t_i)$ 为

$$
\begin{aligned}
I_{\mathrm{b}}(t_i) &= \left\langle E_{\mathrm{b}}(t_i) \times E_{\mathrm{b}}^*(t_i) \right\rangle \\
&= 2 \sum_{m=i-q+1}^{i-1} \sum_{n=i-q+1}^{i-1} a_m a_n \cos[\frac{4\pi f n_{\mathrm{f}} \Delta L (m-n)}{c}] + 2a_i^2 + \\
&\quad 2 \sum_{k=i-q+1}^{i-1} a_k a_i \cos[\frac{4\pi f n_{\mathrm{f}} \Delta L (i-k)}{c} - \Delta \Phi]
\end{aligned}
\tag{2-2-10}
$$

由式（2-2-10）可以得出：探测器在 t_i 时刻观测到第 i 个等效反射镜处有扰动信息 $\Delta \Phi$。
当光脉冲前沿到达传感光纤的第 $i+1$ 个等效反射镜，即 $j=i+1$ 时，有

$$
\begin{aligned}
E_{\mathrm{b}}(t_{i+1}) &= \sum_{k=i-q+2}^{i-1} a_k \cos[\frac{4\pi f n_{\mathrm{f}} \Delta L (i+1-k)}{c}] + \\
&\quad a_i \cos\left[\frac{4\pi f n_{\mathrm{f}} \Delta L}{c} + \Delta \Phi\right] + a_{i+1} \cos \Delta \Phi
\end{aligned}
\tag{2-2-11}
$$

探测器观测到的光功率信号 $I_{\mathrm{b}}(t_{i+1})$ 为

$$
\begin{aligned}
I_{\mathrm{b}}(t_{i+1}) &= \left\langle E_{\mathrm{b}}(t_{i+1}) \times E_{\mathrm{b}}^*(t_{i+1}) \right\rangle \\
&= 2 \sum_{m=i-q+2}^{i-1} \sum_{n=i-q+2}^{i-1} a_m a_n \cos[\frac{4\pi f n_{\mathrm{f}} \Delta L (m-n)}{c}] + \\
&\quad 2a_i a_{i+1} \cos\left(\frac{4\pi f n_{\mathrm{f}} \Delta L}{c}\right) + 2\left(a_i^2 + a_{i+1}^2\right) + \\
&\quad 2 \sum_{k=i-q+2}^{i-1} a_k a_{i+1} \cos[\frac{4\pi f n_{\mathrm{f}} \Delta L (i+1-k)}{c} - \Delta \Phi] + \\
&\quad 2 \sum_{k=i-q+2}^{i-1} a_k a_i \cos[\frac{4\pi f n_{\mathrm{f}} \Delta L (i-k)}{c} - \Delta \Phi]
\end{aligned}
\tag{2-2-12}
$$

由式（2-2-12）可以得出：探测器在 t_{i+1} 时刻观测到第 $i+1$ 个等效反射镜处有扰动信息 $\Delta \Phi$。
依此类推，当光脉冲前沿到达传感光纤的第 $i+q-2$ 个等效反射镜，即 $j=i+q-2$ 时，有

$$
\begin{aligned}
E_{\mathrm{b}}(t_{i+q-2}) &= a_{i-1} \cos[\frac{4\pi f n_{\mathrm{f}} \Delta L (q-1)}{c} + \\
&\quad \sum_{k=i}^{i+q-2} a_k \cos[\frac{4\pi f n_{\mathrm{f}} \Delta L (i+q-2-k)}{c} + \Delta \Phi]
\end{aligned}
\tag{2-2-13}
$$

探测器观测到的光功率信号 $I_{\mathrm{b}}(t_{i+q-2})$ 为

$$I_b(t_{i+q-2}) = \left\langle E_b(t_{i+q-2}) \times E_b^*(t_{i+q-2}) \right\rangle$$

$$= 2\sum_{m=i}^{i+q-2}\sum_{n=i}^{i+q-2} a_m a_n \cos\left[\frac{4\pi f n_f \Delta L(m-n)}{c}\right] +$$

$$2\sum_{k=i}^{i+q-2} a_k a_{i-1} \cos\left[\frac{4\pi f n_f \Delta L(i-1-k)}{c} + \Delta\Phi\right] \qquad (2\text{-}2\text{-}14)$$

由式（2-2-14）可以得出：探测器在 t_{i+q-2} 时刻观测到第 $i+q-2$ 个等效反射镜处有扰动信息 $\Delta\Phi$。当光脉冲前沿继续前进，到达传感光纤的第 $i+q-1$ 个等效反射镜，即 $j=i+q-1$ 时，有

$$E_b(t_{i+q-1}) = \sum_{k=i}^{i+q-1} a_k \cos\left[\frac{4\pi f n_f \Delta L(i+q-2-k)}{c} + \Delta\Phi\right] \qquad (2\text{-}2\text{-}15)$$

探测器观测到的光功率信号 $I_b(t_{i+q-1})$ 为

$$I_b(t_{i+q-1}) = \left\langle E_b(t_{i+q-1}) \times E_b^*(t_{i+q-1}) \right\rangle$$

$$= 2\sum_{m=i}^{i+q-1}\sum_{n=i}^{i+q-1} a_m a_n \cos\left[\frac{4\pi f n_f \Delta L(m-n)}{c}\right] \qquad (2\text{-}2\text{-}16)$$

由式（2-2-16）可以得出：探测器在 t_{i+q-1} 时刻观测到第 $i+q-1$ 个等效反射镜处没有扰动信息 $\Delta\Phi$。

综上所述，$\{I_b(t_i), I_b(t_{i+1}),\cdots, I_b(t_{i+q-2})\}$ 中均含有扰动信息 $\Delta\Phi$，$\{I_b(t_{i+q-1}),\cdots\}$ 中不含有扰动信息 $\Delta\Phi$，如图 2-2-3 所示，第 i 个等效反射镜处的点扰动信息 $\Delta\Phi$ 展宽到第 i 个等效反射镜之后的 $q-2$ 个等效反射镜区域内，而不影响展宽区域以外的其他区域。

2.3　基于空间差分干涉的声波相位检测原理

2.3.1　光纤声波相位调制机理

当扰动信号为声波信号，且声波信号作用在光纤上时，声波实际上是压力波，声场中的光纤受到压力的作用，光纤的折射率、直径及长度大小将会改变，进而改变光纤中的光波相位。当一束光沿光纤轴向传播长度 L 的距离后，光波相位 Φ 为

$$\Phi = kL \qquad (2\text{-}3\text{-}1)$$

式中，k 为波数。若光纤中的折射率为 n，光的波长为 λ，则 $k=2n\pi/\lambda$。光纤受到声波压力的作用，会使传播光的相位发生变化[10]

$$\Delta\Phi = k\Delta L + \Delta kL = L\left(\frac{\partial k}{\partial n}\right)\Delta n + kL\left(\frac{\Delta L}{L}\right) \qquad (2\text{-}3\text{-}2)$$

式中，第一项是光纤折射率改变引起的相位变化，第二项是光纤长度改变引起的相位变化。

光纤的弹光效应引起折射率的变化可表示为[11]

$$\Delta\beta_m = \Delta\left(\frac{1}{n^2}\right)_m = p_{mn}S_n \qquad (2\text{-}3\text{-}3)$$

式中，$\Delta\beta_m$ 是逆介电张量变化量，p_{mn} 是弹光系数矩阵分量，S_n 是光纤应变分量。其中，S_1 和

S_2 是光纤横向应变，在各向同性介质中，$S_1=S_2$，S_3 是光纤的纵向应变。

原始静止（未受力）状态下各向同性介质的弹光系数 $\boldsymbol{Q}$ 为

$$\boldsymbol{Q} = \begin{bmatrix} p_{11} & p_{12} & p_{12} & 0 & 0 & 0 \\ p_{12} & p_{11} & p_{12} & 0 & 0 & 0 \\ p_{12} & p_{12} & p_{11} & 0 & 0 & 0 \\ 0 & 0 & 0 & p_{44} & 0 & 0 \\ 0 & 0 & 0 & 0 & p_{44} & 0 \\ 0 & 0 & 0 & 0 & 0 & p_{44} \end{bmatrix} \tag{2-3-4}$$

式中，$p_{44} = \dfrac{1}{2}(p_{11} - p_{12})$。

当光纤受到声压 P 的作用时，光纤各方向的应变可表示为

$$\boldsymbol{S} = \begin{bmatrix} S_1 \\ S_2 \\ S_3 \\ S_4 \\ S_5 \\ S_6 \end{bmatrix} = \begin{bmatrix} -(1-\mu)P/E \\ -(1-\mu)P/E \\ 2\mu P/E \\ 0 \\ 0 \\ 0 \end{bmatrix} \tag{2-3-5}$$

式中，E 为光纤杨氏模量，μ 为光纤泊松比。因此逆介电张量的变化与应变之间的关系可写成

$$\begin{bmatrix} \Delta\beta_1 \\ \Delta\beta_2 \\ \Delta\beta_3 \\ \Delta\beta_4 \\ \Delta\beta_5 \\ \Delta\beta_6 \end{bmatrix} = \begin{bmatrix} p_{11} & p_{12} & p_{12} & 0 & 0 & 0 \\ p_{12} & p_{11} & p_{12} & 0 & 0 & 0 \\ p_{12} & p_{12} & p_{11} & 0 & 0 & 0 \\ 0 & 0 & 0 & p_{44} & 0 & 0 \\ 0 & 0 & 0 & 0 & p_{44} & 0 \\ 0 & 0 & 0 & 0 & 0 & p_{44} \end{bmatrix} \begin{bmatrix} -(1-\mu)P/E \\ -(1-\mu)P/E \\ 2\mu P/E \\ 0 \\ 0 \\ 0 \end{bmatrix} \tag{2-3-6}$$

由关系式 $\Delta n_m = -\dfrac{n_f^3}{2}\Delta\beta_m$ 可求出折射率的变化

$$\Delta n_1 = \Delta n_2 = \frac{n_f^3 P}{2E}[(1-\mu)p_{11} + (1-3\mu)p_{12}] \tag{2-3-7}$$

光沿轴向传播，所以折射率变化 $\Delta n_f = \Delta n_1 = \Delta n_2$。又因为光纤的轴向应变为 $S_3 = 2\mu P/E$，所以光纤长度变化 $\Delta L = 2L\mu P/E$，因此得到

$$\Delta\Phi = \frac{\pi L P}{\lambda E}\left[n_f^3(1-\mu)p_{11} + n_f^3(1-3\mu)p_{12} + 4n_f\mu \right] \tag{2-3-8}$$

由式（2-3-8）可以得出：当光纤受到声波压力 P 的作用时，光波相位发生变化 $\Delta\Phi$，从而实现了从声波信号 P 到光波相位变化 $\Delta\Phi$ 的调制。

2.3.2　空间差分干涉基本原理

为实现声波相位检测，设计的空间差分干涉光路示意图如图 2-3-1 所示，激光经过声光调制器（Acoustic-Optic Modulator，AOM）斩波为脉冲光序列，经由环形器注入传感光纤，传感

光纤中的后向瑞利散射信号经由环形器输入相位匹配干涉仪，相位匹配干涉仪的臂长差为 S，臂长差等效反射镜的个数为 $s=S/\Delta L$，相位匹配干涉仪的作用是实现第 i 个等效反射镜和第 $i-s$ 个等效反射镜的后向瑞利散射信号在 t_j 时刻进行干涉。

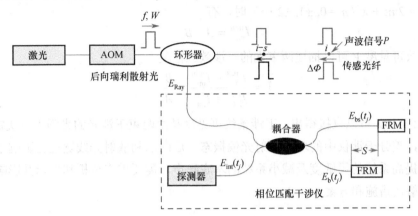

图 2-3-1　空间差分干涉光路示意图

本节为了阐述空间差分干涉的基本原理，将式（2-2-5）化简为

$$E_b(t_j) = E_i \cos(2\pi f t_j + \theta_j) \tag{2-3-9}$$

式中，E_i、f、θ_j 分别是 t_j 时刻第 i 个等效反射镜处后向瑞利散射光的光场振幅、频率、初始相位。

如图 2-3-1 所示，在第 i 个等效反射镜处施加一个声波信号 P，引起后向瑞利散射光相位的变化为 $\Delta\Phi$，当光脉冲前沿到达传感光纤的第 i 个等效反射镜，即 $j=i$ 时，后向瑞利散射信号 $E_b(t_i)$ 可以表示为

$$E_b(t_i) = E_i \cos(2\pi f t_i + \theta_i + \Delta\Phi) \tag{2-3-10}$$

延时信号 $E_{bs}(t_i)$ 为第 $i-s$ 个等效反射镜处的光场

$$E_{bs}(t_i) = E_{i-s} \cos(2\pi f t_i + \theta_{i-s}) \tag{2-3-11}$$

式中，E_{i-s}、θ_{i-s} 分别是 t_i 时刻第 $i-s$ 个等效反射镜处后向瑞利散射光的光场振幅、初始相位。

探测器处的总光强 $I_{int}(t_j)$ 为

$$\begin{aligned} I_{int}(t_j) &= I_b + I_{bs} + 2\sqrt{I_b I_{bs}} \cos(\Delta\Phi + \theta_i - \theta_{i-s}) \\ &= A + B \cos\Phi_{i,i-s} \end{aligned} \tag{2-3-12}$$

式中，I_b、I_{bs} 分别是后向瑞利散射光信号和后向瑞利散射光延时信号的光强，$\Phi_{i,i-s}=\Delta\Phi+\theta_i-\theta_{i-s}$ 是第 i 个和第 $i-s$ 个等效反射镜处后向瑞利散射光的相位差，$A=I_b+I_{bs}$，$B=2\sqrt{I_b I_{bs}}$。

将式（2-3-8）代入式（2-3-12）中的 $\Phi_{i,i-s}$，可以得出

$$\Phi_{i,i-s} = \frac{\pi L P}{\lambda E}\left[n_f^3(1-\mu)p_{11} + n_f^3(1-3\mu)p_{12} + 4n_f\mu\right] + \theta_i - \theta_{i-s} \tag{2-3-13}$$

由式（2-3-13）可以得出：声波信号 P 通过空间差分干涉光路的干涉调制到干涉光强的 $\Phi_{i,i-s}$ 中，$\theta_i-\theta_{i-s}$ 是初始相位差，一般为定值，通过相位解调技术解调出 $\Phi_{i,i-s}$，即可实现声波信

号 P 的还原。

当 $\Phi_{i,i-s} = 2n\pi$（$n = 0, \pm1, \pm2, \cdots$）时，有

$$I_{\text{int}}^{\max} = A + B \tag{2-3-14}$$

当 $\Phi_{i,i-s} = 2n\pi + \pi$（$n = 0, \pm1, \pm2, \cdots$）时，有

$$I_{\text{int}}^{\min} = A - B \tag{2-3-15}$$

干涉条纹可见度 V 可以描述两束光的干涉效应程度

$$V = \frac{I_{\text{int}}^{\max} - I_{\text{int}}^{\min}}{I_{\text{int}}^{\max} + I_{\text{int}}^{\min}} = \frac{B}{A} \tag{2-3-16}$$

由式（2-3-16）可以直接得出，干涉条纹可见度是由两束干涉光的光强大小决定的。根据光干涉理论，差分干涉仪中的瑞利散射光偏振态、后向瑞利散射光线宽也会影响干涉条纹可见度。为了提高系统的灵敏度及减小系统的本底噪声，需要重点分析和揭示其影响机理，并研究相应的解决措施和方案。

2.3.3 核心参数相关性分析

2.3.2 节采用描述光纤后向瑞利散射的一维脉冲响应模型来描述 OTDR 系统波形的特性，将长度为 L 的光纤分成 N 个散射单元，$\Delta l = L/N$ 是散射单元的长度，也表示 OTDR 系统的定位精度，定义 $\tau_0 = 2n_f\Delta l/c$ 为单位散射时间。当有一束频率为 f、脉冲宽度为 w 的高相干脉冲光 $E_0 \cos(2\pi ft)\text{rect}(\frac{t}{w})$ 从 $l = 0$ 处入射到光纤上时，OTDR 系统的空间分辨率为 $\frac{cw}{2n_f}$，则在光纤输入端获得的后向瑞利散射信号的振幅可表示为

$$E_{\text{bs}}(t) = \sum_{m=1}^{N} a_m \cos[2\pi f(t - \tau_m)]\text{rect}(\frac{t - \tau_m}{w}) \tag{2-3-17}$$

式中，a_m 是衰减后的光振幅，c 是真空中的光速，n_f 是光纤的折射率，并且当 $0 \leqslant (t-\tau_m)/w \leqslant 1$ 时，矩形函数 $\text{rect}[(t-\tau_m)/w] = 1$，其他情况 $\text{rect}[(t-\tau_m)/w] = 0$。$\tau_m$ 是光纤任意第 m 个散射点的时间延迟，其与从输入端到光纤任意第 m 个散射点的光纤长度 l_m 的关系为

$$\tau_m = \frac{2n_f l_m}{c} = m\frac{2n_f\Delta l}{c} = m\tau_0 \tag{2-3-18}$$

将后向散射光输入迈克尔逊干涉仪，干涉仪的臂长差为 s，由干涉仪引入的延时为 $\tau_s = 2n_f s/c$，则延时信号的振幅可表示为

$$E_{\text{d}}(t) = \sum_{n=1}^{N} a_n \cos[2\pi f(t - \tau_n - \tau_s)]\text{rect}(\frac{t - \tau_n - \tau_s}{w}) \tag{2-3-19}$$

因此经过干涉仪后所接收到的自、互干涉光强可表示为

$$\begin{aligned} I(t) &= [E_{\text{bs}}(t) + E_{\text{d}}(t)] \cdot [E_{\text{bs}}(t) + E_{\text{d}}(t)]^* \\ &= I_{\text{bs}} + I_{\text{d}} + 2\sum_{m=1}^{N}\sum_{n=1}^{N} a_m a_n \cos\varphi_{mns}\text{rect}(\frac{t - \tau_m}{w})\text{rect}(\frac{t - \tau_n - \tau_s}{w}) \end{aligned} \tag{2-3-20}$$

式中，自干涉项 $I_{\text{bs}} = \sum_{m=1}^{N}\sum_{i=1}^{N} a_m a_i \cos\varphi_{mi}\text{rect}(\frac{t - \tau_m}{w})\text{rect}(\frac{t - \tau_i}{w})$、$I_{\text{d}} = \sum_{n=1}^{N}\sum_{j=1}^{N} a_n a_j \cos\varphi_{nj}\text{rect}$

$(\dfrac{t-\tau_n-\tau_s}{w})\ \mathrm{rect}(\dfrac{t-\tau_j-\tau_s}{w})$，相对相位 $\varphi_{ij}=4\pi f n_f \Delta l(j-i)/c$，$\varphi_{mns}=4\pi f n_f \Delta l(n-m)/c+4\pi f n_f s/c$。

整个干涉系统的空间分辨率 D_s 定义为任意某时刻干涉信号所涉及的散射点相对位置之和，描述干涉系统识别不同信号相对位置的能力，即在空间分辨率 D_s 长度内，系统只能分辨出一个信号，整个干涉系统的空间分辨率示意图如图 2-3-2 所示，由式（2-3-20）可推出

$$D_s = \frac{cw}{2n_f} + s \tag{2-3-21}$$

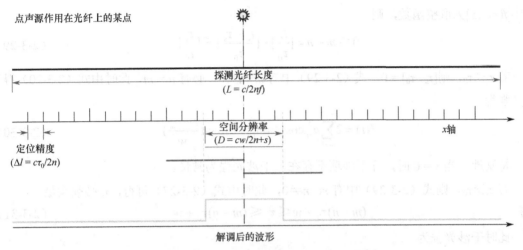

图 2-3-2 整个干涉系统的空间分辨率示意图

首先讨论使得干涉发生时的 τ_0、τ_s 与 w 的关系。

由式（2-3-17）可知，t_k 时刻到达原点的散射光的振幅为

$$E_{bs}(t_k) = \sum_{m=1}^{N} a_m \cos[2\pi f(t_k-\tau_m)]\mathrm{rect}(\frac{t_k-\tau_m}{w}) \tag{2-3-22}$$

则散射点数 m、时刻 t_k 满足

$$\frac{t_k-w}{\tau_0} \leqslant m \leqslant \frac{t_k}{\tau_0}, \quad m\tau_0 \leqslant t_k \leqslant m\tau_0+w \tag{2-3-23}$$

此时到达原点的延时光的振幅为

$$E_d(t_k) = \sum_{n=1}^{N} a_n \cos[2\pi f(t_k-\tau_n-\tau_s)]\mathrm{rect}(\frac{t_k-\tau_n-\tau_s}{w}) \tag{2-3-24}$$

则散射点数 n、时刻 t_k 满足

$$\frac{t_k-\tau_s-w}{\tau_0} \leqslant n \leqslant \frac{t_k-\tau_s}{\tau_0}, \quad n\tau_0+\tau_s \leqslant t_k \leqslant n\tau_0+\tau_s+w \tag{2-3-25}$$

前提是要保证第一个散射点的延时光到达原点，即

$$t_k \geqslant \tau_0 + \tau_s \tag{2-3-26}$$

时刻 t_k 既要在散射光所需时间范围内，又要在延时光所需时间范围内，则有

$$m\tau_0 \leqslant n\tau_0+\tau_s+w, \quad n\tau_0+\tau_s \leqslant m\tau_0+w \tag{2-3-27}$$

整理得

$$\frac{\tau_s - w}{\tau_0} \leqslant m - n \leqslant \frac{\tau_s + w}{\tau_0}$$

1）当 $w < \tau_0$ 时，自干涉项 I_{bs}、I_d 为零，由式（2-3-23）和式（2-3-25）可得 m、n 的范围内只有一个正整数

$$m = [\frac{t_k}{\tau_0}], \quad n = [\frac{t_k - \tau_s}{\tau_0}] \tag{2-3-28}$$

其中 $f(x) = [x]$ 为取整函数，则

$$0 \leqslant m - n = [\frac{t_k}{\tau_0}] - [\frac{t_k - \tau_s}{\tau_0}] \leqslant [\frac{\tau_s}{\tau_0}] \tag{2-3-29}$$

若 $\tau_s < \tau_0$，则 $[\tau_s / \tau_0] = 0$，式（2-3-29）中有 $m - n \leqslant 0$，必有 $n = m$，此时由式（2-3-20）得干涉光强为

$$I(t) = 2\sum_{m=1}^{N} a_m^2 \cos(4\pi f n_f s / c) \mathrm{rect}(\frac{t - \tau_m}{w}) \tag{2-3-30}$$

特别地，当 $s = 0$ 时，互干涉项不存在，干涉光强为常量。

若 $\tau_s \geqslant \tau_0$，则式（2-3-29）中有 $m - n \neq 0$，此时由式（2-3-27）可得，τ_s 必须满足

$$(m - n)\tau_0 - w \leqslant \tau_s \leqslant (m - n)\tau_0 + w \tag{2-3-31}$$

此时干涉光强为

$$I(t) = 2\sum_{m=1}^{N} \sum_{n=m-[\frac{\tau_s + w}{\tau_0}]}^{m-[\frac{\tau_s - w}{\tau_0}]} a_m a_n \cos\{4\pi f n_f [(m - n)\tau_0 + \tau_s]\} \mathrm{rect}(\frac{t - \tau_m}{w}) \tag{2-3-32}$$

2）当 $w \geqslant \tau_0$ 时，自干涉项 I_{bs}、I_d 不为零，且任何情况下均存在多组正整数 m、n，使得式（2-3-27）成立，此时干涉光强同式（2-3-32）。

特别地，当 $s = 0$ 时，$E_{bs}(t) = E_d(t)$，干涉项仍然存在，此时的干涉光强为

$$\begin{aligned} I(t) &= 4I_{bs}(t) \\ &= 4\sum_{i=1}^{N} \sum_{j=i+1}^{N} a_i a_j \cos\varphi_{ij} \mathrm{rect}(\frac{t - \tau_i}{w}) \mathrm{rect}(\frac{t - \tau_j}{w}) \end{aligned} \tag{2-3-33}$$

然后，讨论解调强度与 τ_0、τ_s、w 的关系。

当第 g 个散射点处存在声源带来的扰动且满足上述干涉发生条件时，由式（2-3-20）可得，第 g 个散射点脉冲波形的相位受到外部扰动时的后向瑞利散射光的相位变化会在原始相对相位的基础上增加一项 $\Delta\varphi_g$，t_k 时刻到达原点的散射光的振幅变为

$$\varphi = \varphi_{mns} + \Delta\varphi_g = 4\pi f n_f [(m - n)\Delta l + s] / c + \Delta\varphi_g \tag{2-3-34}$$

同样地，对于上述的情况 1），当 $w < \tau_0$ 时，若 $\tau_s < \tau_0$，则由式（2-3-30）可知 $g = m = n$，此时干涉光强为

$$I(t) = 2\sum_{m=1}^{N} a_m^2 \cos(4\pi f n_f s / c + \Delta\varphi_g) \mathrm{rect}(\frac{t - \tau_m}{w}) \tag{2-3-35}$$

若 $\tau_s \geq \tau_0$，则 g 点必在 m、n 之间，由式（2-3-32）可知，此时干涉光强为

$$I(t) = 2 \sum_{m=1}^{N} \sum_{n=m-[\frac{\tau_s+w}{\tau_0}]}^{m-[\frac{\tau_s-w}{\tau_0}]} a_m a_n \cos\{4\pi f n_f[(m-n)\tau_0 + \tau_s + \Delta\varphi_g]\} \mathrm{rect}(\frac{t-\tau_m}{w}) \qquad (2\text{-}3\text{-}36)$$

对于上述的情况 2），当 $w \geq \tau_0$ 时，使矩形函数 $\mathrm{rect}[(t-\tau_m)/w]=1$、$\mathrm{rect}[(t-\tau_n-\tau_s)/w]=1$ 成立的 m、n 能取的个数是相同的，都是 $[w/\tau_0]$，则 $A_1 = \sum_{m=1}^{N} \sum_{n=1}^{N} a_m a_n \cos\varphi_{mn}$ 与 $A_2 = \sum_{m=1}^{N} \sum_{n=1}^{N} a_m a_n \sin\varphi_{mn}$ 为常数。由式（2-3-23）、式（2-3-25）、式（2-3-27）可知，需要讨论 g 点与 m、n 的相对位置关系。

若 $\tau_s < w$，则 m、n 的取值范围有重叠。

（1）当 g 仅在 m 取值范围内时，自干涉项 I_d 为常量，此时干涉光强为

$$\begin{aligned} I(t) = I_d &+ \frac{1}{2} \sum_{m=1}^{N} \sum_{i=1}^{N} a_m a_i \cos(\varphi_{mi} + \Delta\varphi_g) \mathrm{rect}(\frac{t-\tau_m}{w}) \mathrm{rect}(\frac{t-\tau_i}{w}) + \\ &2 \sum_{m=g}^{[t_k/\tau_0]} \sum_{n=1}^{N} a_m a_n \cos(\varphi_{mns} + \Delta\varphi_g) \mathrm{rect}(\frac{t-\tau_m}{w}) \mathrm{rect}(\frac{t-\tau_n-\tau_s}{w}) + \\ &2 \sum_{m=1}^{g} \sum_{n=1}^{N} a_m a_n \cos\varphi_{mns} \mathrm{rect}(\frac{t-\tau_m}{w}) \mathrm{rect}(\frac{t-\tau_n-\tau_s}{w}) \end{aligned} \qquad (2\text{-}3\text{-}37)$$

（2）当 g 仅在 n 取值范围内时，自干涉项 I_{bs} 为常量，此时干涉光强为

$$\begin{aligned} I(t) = I_{bs} &+ \frac{1}{2} \sum_{n}^{N} \sum_{j=1}^{N} a_n a_j \cos(\varphi_{nj} + \Delta\varphi_g) \mathrm{rect}(\frac{t-\tau_n-\tau_s}{w}) \mathrm{rect}(\frac{t-\tau_j-\tau_s}{w}) + \\ &2 \sum_{m=1}^{N} \sum_{n=[(t_k-w-\tau_s)/\tau_0]}^{g} a_m a_n \cos(\varphi_{mns} + \Delta\varphi_g) \mathrm{rect}(\frac{t-\tau_m}{w}) \mathrm{rect}(\frac{t-\tau_n-\tau_s}{w}) + \\ &2 \sum_{m=1}^{N} \sum_{n=g}^{N} a_m a_n \cos\varphi_{mns} \mathrm{rect}(\frac{t-\tau_m}{w}) \mathrm{rect}(\frac{t-\tau_n-\tau_s}{w}) \end{aligned} \qquad (2\text{-}3\text{-}38)$$

（3）当 g 在 m、n 取值范围的交叠区时，干涉光强为

$$\begin{aligned} I(t_k) = &\frac{1}{2} \sum_{m=1}^{N} \sum_{i=1}^{N} a_m a_i \cos(\varphi_{mi} + \Delta\varphi_g) \mathrm{rect}(\frac{t-\tau_m}{w}) \mathrm{rect}(\frac{t-\tau_i}{w}) + \\ &\frac{1}{2} \sum_{n}^{N} \sum_{j=1}^{N} a_n a_j \cos(\varphi_{nj} + \Delta\varphi_g) \mathrm{rect}(\frac{t-\tau_n-\tau_s}{w}) \mathrm{rect}(\frac{t-\tau_j-\tau_s}{w}) + \\ &2 \sum_{m=g}^{[t_k/\tau_0]} \sum_{n=[(t_k-w-\tau_s)/\tau_0]}^{g} a_m a_n \cos(\varphi_{mns} + \Delta\varphi_g) \mathrm{rect}(\frac{t-\tau_m}{w}) \mathrm{rect}(\frac{t-\tau_n-\tau_s}{w}) + \\ &2 \sum_{m=[(t_k-w)/\tau_0]}^{g} \sum_{n=g}^{[(t_k-w-\tau_s)/\tau_0]} a_m a_n \cos(\varphi_{mns} + \Delta\varphi_g) \mathrm{rect}(\frac{t-\tau_m}{w}) \mathrm{rect}(\frac{t-\tau_n-\tau_s}{w}) + \\ &2 \sum_{m=g}^{[t_k/\tau_0]} \sum_{n=g}^{[(t_k-\tau_s)/\tau_0]} a_m a_n \cos\varphi_{mns} \mathrm{rect}(\frac{t-\tau_m}{w}) \mathrm{rect}(\frac{t-\tau_n-\tau_s}{w}) + \\ &2 \sum_{m=[(t_k-w)/\tau_0]}^{g} \sum_{n=[(t_k-w-\tau_s)/\tau_0]}^{g} a_m a_n \cos\varphi_{mns} \mathrm{rect}(\frac{t-\tau_m}{w}) \mathrm{rect}(\frac{t-\tau_n-\tau_s}{w}) \end{aligned} \qquad (2\text{-}3\text{-}39)$$

若 $\tau_s \geqslant w$，则 m、n 的取值范围没有重合区域。

（1）当 g 在 m 取值范围内时，自干涉项 I_d 为常量，此时干涉光强为

$$I(t) = I_d + \frac{1}{2}\sum_{m=1}^{N}\sum_{i=1}^{N} a_m a_i \cos(\varphi_{mi} + \Delta\varphi_g)\text{rect}(\frac{t - \tau_m}{w})\text{rect}(\frac{t - \tau_i}{w}) +$$
$$2\sum_{m=g}^{[t_k/\tau_0]}\sum_{n=1}^{N} a_m a_n \cos(\varphi_{mns} + \Delta\varphi_g)\text{rect}(\frac{t - \tau_m}{w})\text{rect}(\frac{t - \tau_n - \tau_s}{w}) + \qquad (2\text{-}3\text{-}40)$$
$$2\sum_{m=1}^{g}\sum_{n=1}^{N} a_m a_n \cos\varphi_{mns}\text{rect}(\frac{t - \tau_m}{w})\text{rect}(\frac{t - \tau_n - \tau_s}{w})$$

（2）当 g 在 n 取值范围内时，自干涉项 I_{bs} 为常量，此时干涉光强为

$$I(t) = I_{bs} + \frac{1}{2}\sum_{n}^{N}\sum_{j=1}^{N} a_n a_j \cos(\varphi_{nj} + \Delta\varphi_g)\text{rect}(\frac{t - \tau_n - \tau_s}{w})\text{rect}(\frac{t - \tau_j - \tau_s}{w}) +$$
$$2\sum_{m=1}^{N}\sum_{n=[(t_k - w - \tau_s)/\tau_0]}^{g} a_m a_n \cos(\varphi_{mns} + \Delta\varphi_g)\text{rect}(\frac{t - \tau_m}{w})\text{rect}(\frac{t - \tau_n - \tau_s}{w}) + \qquad (2\text{-}3\text{-}41)$$
$$2\sum_{m=1}^{N}\sum_{n=g}^{N} a_m a_n \cos\varphi_{mns}\text{rect}(\frac{t - \tau_m}{w})\text{rect}(\frac{t - \tau_n - \tau_s}{w})$$

（3）当 g 在 m、n 取值范围之间时，自干涉项 I_{bs}、I_d 均为常量，此时干涉光强为

$$I(t_k) = I_{bs} + I_d + 2\sum_{m=1}^{N}\sum_{n=1}^{N} a_m a_n \cos(\varphi_{mns} + \Delta\varphi_g)\text{rect}(\frac{t - \tau_m}{w})\text{rect}(\frac{t - \tau_n - \tau_s}{w}) \qquad (2\text{-}3\text{-}42)$$

这里需要特别说明的是，当声源存在一定宽度时，某点处在受到外部扰动时后向瑞利散射光的总相位变化是此点自干涉相位变化与互干涉相位变化的和，与系统的空间分辨率相同，跟干涉仪的臂长 s 有直接关系，因此需要选择合适的臂长 s，从而兼顾系统空间分辨率与灵敏度。

本 章 小 结

本章在瑞利散射原理的基础上重点研究了光纤中的后向瑞利散射光的强度分布和相位分布特性，在此基础上提出了高相干光激励后向瑞利散射离散模型，阐明了离散模型中点振动信号的空间展宽理论。

习 题

1．瑞利散射的定义是什么？简述光纤中的瑞利散射原理。

2．试分析后向瑞利散射离散模型，推导光波相位变化与声波信号的调制原理。

3．简述空间分辨率的定义，并推导过程。

4．按照频率响应的定义，分布式光纤传感系统的扫频是 20kHz，脉宽是 100ns，采样频率是 100MHz，请计算光纤分布式传感系统的频率响应范围、定位精度、空间分辨率。

参 考 文 献

[1] 谢孔利. 基于 Φ-OTDR 的分布式光纤传感系统[D]. 成都：电子科技大学，2008.

[2] 张旭苹. 全分布式光纤传感技术[M]. 北京：科学出版社，2013.

[3] Brinkmeyer E. Analysis of the backscattering method for single-mode optical fibers[J]. J.Opt.Soc.Am,1980. 70(8):1010-1012.

[4] Gerd Keiser. 光纤通信[M]. 李玉权，译. 北京：电子工业出版社，2002.

[5] Gold M P, Hartog A H. Measurement of backscatter in single mode optical fibers[J]. Electronics Letters,1981,17:965-966.

[6] 任梅珍，徐团伟，张发祥. 单模光纤中高相干光源的瑞利散射光的统计特性[J]. 中国激光，2013，40（1）：010500.

[7] Goodman J W. Statistical properties of laser Speckle patterns[M]. Berlin：Springer，1975.

[8] Goldberg L, Taylor H, Welle R J. Feedback effect in a laser diode due to Rayleigh backscattering from an optical fiber[J]. Electron. Lett., 1998, 18:353-354.

[9] Park J, Lee W, Taylor H F. Fiber optic intrusion sensor with the configuration of an optical time-domain reflectometer using coherent interference of Rayleigh backscattering[Z]. International Society for Optics and Photonics, 1998,3555: 49-56.

[10] 孟克. 光纤干涉测量技术[M]. 哈尔滨：哈尔滨工程大学出版社，2004.

[11] 蔡德所. 光纤传感技术在大坝工程中的应用[M]. 北京：中国水利水电出版社，2002.

第3章 分布式光纤声振技术系统组成

内容关键词

- 激光器
- 声/电光调制器、光放大器
- 光电探测器

3.1 激光器

近几年，光纤激光器因其具有优异的光束质量、非常高的功率和功率密度、易于冷却、高的稳定性和可靠性等多方面的优点，引起了研究人员和应用者日益浓厚的兴趣，已经在通信、医疗、军事等领域大显身手，并在多种应用场合中取代了气体和固体激光器。光纤激光产品的出现及性能的不断改善，必将加快激光在各种领域的应用，从而提高工业生产水平和人们的生活质量。

光纤激光器是指用掺杂稀土元素的玻璃光纤作为增益介质的激光器，光纤激光器可在光纤放大器的基础上开发出来。在泵浦光的作用下，在光纤中很容易使功率密度增大，造成激光工作物质的激光能级粒子数反转，适当加入正反馈回路（构成谐振腔），便可形成激光振荡输出。

3.1.1 光纤激光器的基本原理

光纤激光器和其他激光器一样，由能产生光子的增益介质、使光子得到反馈并在增益介质中进行谐振放大的光学谐振腔、激励光跃迁的泵浦源三部分组成。

纵向泵浦的光纤激光器的结构如图 3-1-1[1]所示。一段掺杂稀土金属离子的光纤被放置在两个反射率经过选择的腔镜之间，泵浦光从左面腔镜耦合进入光纤。左面镜对泵浦光全部透射和对激光全反射，以便有效地利用泵浦光和防止泵浦光产生谐振而造成输出光不稳定。右面镜对激光部分透射，以便造成激射光子的反馈和获得激光输出。这种结构实际上就是Fabry-perot 谐振腔结构。泵浦波长上的光子被介质吸收，形成粒子数反转，最后在掺杂光纤介质中产生受激发射而输出激光。

激光输出可以是连续的，也可以是脉冲形式的，依赖于激光的工作介质。对于连续输出，激光上能级的自发发射寿命必须长于激光下能级的自发发射寿命，以获得较高的粒子数反转。通常当激光下能级的自发发射寿命超过上能级的自发发射寿命时，只能获得脉冲输出。

图 3-1-1　纵向泵浦的光纤激光器的结构

光纤激光器有两种激射状态：一种是三能级激射；另一种是四能级激射。图 3-1-2（a）和图 3-1-2（b）所示为三能级和四能级系统的简化能级图。两者的差别在于较低能级所处的位置。在三能级系统中，激光下能级即为基态，或是极靠近基态的能级。而在四能级系统中，激光下能级和基态能级之间仍然存在一个跃迁，通常为无辐射跃迁。电子从基态提升到高于激光上能级的一个或多个泵浦带，电子一般通过非辐射跃迁到达激光上能级。泵浦带上的电子很快弛豫到寿命比较长的亚稳态，在亚稳态上积累电子造成电子数多于激光下能级，即形成粒子数反转。电子以辐射光子的形式放出能量并回到基态。这种自发发射的光子被光学谐振腔反馈回增益介质中诱发受激发射，受激产生的光子和诱发光子的性质完全相同。当光子在谐振腔内所获得的增益大于其在腔内的损耗时，就会产生激光输出。理论上四能级光纤激光器的阈值低于三能级系统[1]。

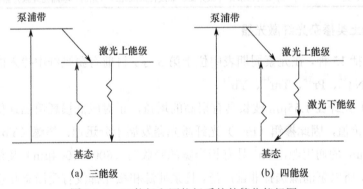

(a) 三能级　　　　　　　　　　　　　(b) 四能级

图 3-1-2　三能级和四能级系统的简化能级图

3.1.2　光纤激光器的特点

激光介质本身就是导波介质，耦合效率高，光纤芯很细，纤内易形成高功率密度，可方便地与目前的光纤传输系统高效连接。由于光纤具有很高的"表面积/体积"比，散热效果好，因此这种光纤激光器具有很高的转换效率、很低的激光阈值，能在不加强制冷却的情况下连续工作。又由于光纤具有极好的柔绕性，因此激光器可以设计得相当小巧灵活，有利于在光纤通信和医学上的应用。同时，可用光纤方向耦合器构成各种柔性谐振腔，使激光器的结构更加紧凑、稳定。光纤还具有很多可调参数和选择性，能获得相当宽的调谐范围和相当好的单色性和稳定性。这些特点决定了光纤激光器比半导体激光器、大型激光器拥有更多的优势。

从效果上看，光纤激光器是一种高效的波长转换器，即由泵浦激光波长转换为所掺杂稀土离子的激射波长。正因为光纤激光器的激射波长是由基质材料的稀土掺杂剂所决定的，不受泵浦波长的控制，所以可以利用与稀土离子吸收光谱相对应的廉价短波长、高功率半导体激光器泵浦，获得光纤通信低损耗窗口的 $1.3\mu m$、$1.55\mu m$ 及 $2\sim3\mu m$ 中红外波长的激光输出，泵浦效率很高。

3.1.3　光纤激光器的分类

光纤激光器有很多种，现按不同分类方法汇总于表 3-1-1。下面简单介绍几类光纤激光器。

表 3-1-1　光纤激光器的分类

分类方法		种　类
按输出光波分类	组成模式	单波长光纤激光器和多波光纤长激光器
		单模光纤激光器和多模光纤激光器
	波段	S-波段（1280～1350nm）、C-波段（1528～1565nm）和 L-波段（1561～1620nm）[6]
按光纤截面结构分类		单包层、多包层和光子晶体光纤激光器
按谐振腔结构分类		F-P 腔、WDM 谐振腔、光纤光栅谐振腔等
按工作机制分类		上转换光纤激光器和下转换光纤激光器
按工作方式分类		脉冲激光器和连续激光器
按掺杂元素分类		掺铒（Er^{3+}）、钕（Nd^{3+}）、镨（Pr^{3+}）、钬（Ho^{3+}）、镱（Yb^{3+}）、铥（Tm^{3+}）等 15 种
按增益介质分类		稀土类掺杂光纤激光器、非线性效应光纤激光器、单晶光纤激光器和塑料光纤激光器等

3.1.3.1　稀土类掺杂光纤激光器

稀土元素包括 15 种，在元素周期表中位于第 5 行。目前有源光纤中掺入的比较成熟的稀土离子有 Er^{3+}、Nd^{3+}、Pr^{3+}、Tm^{3+}、Yb^{3+}。

掺铒（Er^{3+}）光纤在 $1.55\mu m$ 波长具有很高的增益，正对应低损耗第三通信窗口，由于其具有潜在的应用价值，因此掺铒（Er^{3+}）光纤激光器发展十分迅速。掺镱（Yb^{3+}）光纤激光器是波长为 $1\sim1.2\mu m$ 的通用源，Yb^{3+} 具有相当宽的吸收带（800～1064μm）及相当宽的激发带（970～1200μm），所以泵浦源选择非常广泛，且泵浦源和激光都没有受激态吸收。掺铥（Tm^{3+}）光纤激光器的激射波长为 $1.4\mu m$ 波段，也是重要的光纤通信光源。Komukai T 等人[2]获得了输出功率为 100mW、斜率效率为 59%的 $1.47\mu m$ 掺 Tm^{3+} 光纤激光器。其他的掺杂光纤激光器，如工作在 $2.1\mu m$ 波长的掺钬（Ho^{3+}）光纤激光器，由于水分子在 $2\mu m$ 波长附近有很强的中红外吸收峰，因此对邻近组织的热损伤小、止血性好，且该波段对人眼是安全的，故在医疗和生物学研究方面有广阔的应用前景。

近几年，双包层掺杂光纤激光器利用包层泵浦技术，使输出功率获得了极大的提高，成为激光器的又一研究热点。包层泵浦技术使用的双包层光纤的芯线采用相应激光波长的单模稀土掺杂光纤，大直径的内包层对泵浦波长是多模的，外包层采用低折射率材料。内包层的形状和直径能够与高功率激光二极管有效地端面耦合。稀土离子吸收多模泵浦光并辐射出单模激光，使高功率、低亮度激光二极管泵浦激光转换成衍射极限的强激光输出。为了提高泵浦吸收效率，光纤内包层的形状也由最初的圆形发展到矩形、方形、星形、D 形等[3]。Dominic

V 等人[4]报道了输出功率高达 110W、泵浦转换效率为 58%的掺 Yb^{3+} 双包层光纤激光器。Offerhaus H L 等人[5]报道了利用包层泵浦结构，能产生高达 2.3mJ 脉冲的调 Q 双包层掺 Yb^{3+} 光纤激光器，使用的是单模或模式数较小的低数值孔径的大有效模式面积（LMA）光纤，光纤纤芯的有效面积是 $1300\mu m^2$，是普通掺 Yb 单模光纤的 50 多倍。

3.1.3.2　光纤受激拉曼散射激光器

这类激光器与掺杂光纤激光器相比，具有更高的饱和功率，且没有泵浦源限制，在光纤陀螺、光纤传感、波分复用（WDM）及相干光通信系统中有着重要应用。

受激拉曼散射（Stimulated Raman Scattering，SRS）属于光纤中的三阶非线性效应。SRS 是强激光与介质分子相互作用所产生的受激声子对入射光的散射，在单模光纤的后向发生。利用 SRS 的特性，可把泵浦光的能量转换为光信号的能量，制成激光器。

一种简单的全光纤受激拉曼散射光纤激光器如图 3-1-3 所示[7]，这是一种单向环形行波腔，耦合器的光强耦合系数为 K。一般典型的受激拉曼分子主要有 GeO_2、SiO_2、P_2O_5 和 D_2。

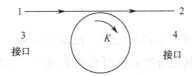

图 3-1-3　全光纤受激拉曼散射光纤激光器示意图

分布式反馈（Distributed Feedback，DFB）拉曼光纤激光器与通常的半导体或掺杂 DFB 激光器有本质的区别。其一是光纤中不可避免的克尔（kerr）效应改变了 DFB 拉曼光纤激光器的激光动态特性；其二是增益饱和机制完全不同，在 SRS 中，腔内信号是被泵浦光直接放大的，而不通过粒子数反转[8]。

3.1.3.3　光纤光栅激光器

20 世纪 90 年代，紫外写入光纤光栅技术的日益成熟使得光纤光栅激光器愈受重视，其中，主要是分布 Bragg 反射器（Distributed Bragg Reflector，DBR）光纤光栅激光器和分布式反馈（DFB）光纤光栅激光器。两者的区别主要在于 DFB 光纤光栅激光器只用一个光栅来实现光反馈和波长选择，故稳定性更好，还避免了掺 Er 光纤与光栅的熔接损耗。虽然可直接将光栅紫外写入掺 Er 光纤，但是缺点是纤芯含 Ge 少、光敏性差、DFB 光纤光栅激光器不易制作。相比之下，DBR 光纤光栅激光器可将掺锗（Ge）光纤光栅熔接在掺 Er 光纤的两端从而构成谐振腔，制作较为简便。DBR、DFB 光纤光栅面临的问题是：由于谐振腔较短，因此会使得泵浦的吸收效率低；谱线较环形激光器宽，会出现模式跳跃现象等，这些问题都在不断地被解决中。提出的改进方案有：采用 Er:Yb 共掺杂光纤作为增益介质、采用内腔泵浦方式、主振荡器和功率放大器一体化等。

3.1.3.4　上转换光纤激光器

作为一种实现短波长可见光的高效实用经济的有效手段，上转换光纤激光器近年来发展得也较为迅速。频率上转换（简称上转换）光纤激光器是一种振荡频率比泵浦频率高的光泵激光器。上转换发光的产生主要有三种过程：步进多光子吸收过程、多个激发态离子的共协上转换过程、光子雪崩上转换过程。目前尤其对能发出多色光和蓝光的掺 Pr（镨）、Tm 的研究兴趣更浓，泵浦光源也从钛宝石激光器等向半导体激光器发展，光纤长度有逐渐缩短的趋势，基本上以具有较高的上转换效率的氟化物玻璃为基质。所用的氟化物玻璃光纤中的掺杂离子有 Ho^{3+}、Er^{3+}、Pr^{3+}、Nd^{3+}等，同时还有一些将共掺 Yb^{3+}作为敏化剂，所实现的上转换的几个波段有绿光、蓝光、红光、近红外光、紫光等。现在上转换光纤激光器已可以作为实用的全固化蓝绿光源，广泛应用于光数据存储、彩色显示、医学荧光诊断和光通信。而最近不断发展的光纤光栅技术和包层泵浦技术对上转换光纤激光器的发展也起到一定的推动作用。Sanders S R 等人[9]采用两个 1100～1140nm 可调谐激光二极管作为泵浦源，以 Tm:ZBLAN 光纤为上转换激光介质，获得了高达 106mW 的 480nm 波长的蓝光上转换激光器，其阈值为80mW，微分光–光转换效率高达 30%（针对入纤功率）。

3.1.3.5　窄线宽激光器

窄线宽激光器具有极强的相干性和单色性，在激光雷达、相干探测、光纤传感和光谱学等领域都有着重要的应用。尤其在分布式光纤传感系统中，窄线宽激光器是目前光纤传感领域最热门和最有发展前景的技术之一，其作为信号激发源，起着不可替代的作用。以光纤管道监测为例，我国拥有 13.31 万千米石油天然气管道，国家安监总局原局长杨栋梁在第十二届全国人大会议上指出：我国油气管道存在大量隐患。而基于分布式光纤传感技术的监测系统正被大规模地应用于管道安全监测领域，可靠的国产窄线宽激光器产品领域几乎空白，这导致每年需从国外进口几百台激光器，严重制约了此项技术的研究开发和推广应用。

所谓窄线宽激光器，就是通过可调滤波器、F-P 滤波器、Bragg 光栅等波长选择器对增益谱内起振的纵模数进行限制，只让满足特定条件的少数几个甚至一个纵模发生激光振荡。实现激光光谱窄线宽输出的方法有多种，如分布反馈（DFB）结构、短腔分布布拉格反射（Short-cavity Distributed Bragg Reflector，SDBR）结构、光纤环形腔结构与利用饱和吸收体或超窄带通滤波器的腔外滤波法等。其中，分布反馈光纤激光器凭借其线宽窄、噪声低、可调谐范围宽，以及与光纤通信和光纤传感系统完全兼容等优点，在激光雷达、光纤传感、光纤通信及激光光谱学等领域有着极其广泛的应用前景。

3.1.3.6　分布反馈光纤激光器

近年来随着掺杂光纤制作技术及光纤光栅刻写技术的发展，在光纤上直接写入光栅而构成线型腔光纤激光器的技术也越来越成熟。线型腔光纤激光器具有体积小、质量小、噪声低、线宽窄及易于大规模组阵复用等优点，从而被广泛地应用在光纤激光传感领域[10-15]。分布反馈光纤激光器是在一段掺杂光纤上直接写入一个相移光栅而构成的线型腔光纤激光器，这类激光器的谐振腔长度都在厘米量级，且输出激光都是窄线宽低噪声的高相干光。

分布反馈光纤激光器是由泵浦源、增益介质及激光谐振腔构成的。增益介质就是掺杂稀土离子的光纤，常用的有掺杂铒离子、掺杂镱离子、铒离子镱离子共掺杂这几种光纤。对于掺杂铒离子的光纤来说，采用的泵浦源一般是波长为 980nm 和 1480nm 的泵浦源。对于光纤激光器来说，激光谐振腔指的就是 π 相移光栅，π 相移两端的两个光栅可以视为谐振腔的两腔镜[16][17]。光纤激光器输出的激光具有单模单频、噪声低、线宽窄等优点，并且光纤激光器具有尺寸小、质量小、结构简单、成本低、易于大规模组阵复用、可实现全光纤化等优点，在传感领域具有显著的优势。激光器实物图如图 3-1-4 所示。

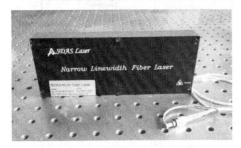

图 3-1-4　激光器实物图

自 2010 年起，山东省科学院激光研究所开展了分布反馈光纤激光器技术的研究，掌握了核心器件（有源相移光纤光栅）的制作工艺，在光纤激光传感器的应用研究上已取得了丰硕的成果。光纤激光器的工作原理如图 3-1-5 所示，分布式反馈光纤激光器（Distributed Feedback-Fiber Laser，DFB-FL）主要由泵浦光、980/1550nm 波分复用器、掺铒相移光纤光栅、隔离器和 980nm 匹配光纤等构成。980nm 泵浦源输出的泵浦光经过 980/1550nm 波分复用器（WDM）的 980nm 端传输进入 DFB 光纤激光器，DFB 光纤激光器产生的激光经过 980/1550nm WDM 的 1550nm 端输出，在输出端接入一个隔离器来阻止激光反射回 DFB 的谐振腔，影响激光器的运行。

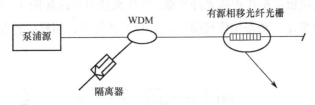

图 3-1-5　光纤激光器的工作原理

掺铒光纤取适量长度，两端与匹配光纤熔接，构成刻写光栅的备用光纤，采用动态相位掩模板法制作相移光纤光栅。DFB-FL 的核心为有源的 π 相移光纤光栅，它同时起着增益介质、谐振腔和选频器件的作用。传统的 DFB 光纤激光器就是在一段掺杂铒离子的光纤上直接写入一个 π 相移光栅的，且 π 相移位于光栅的中间位置，π 相移两端的光栅可以视为谐振腔的两腔镜。相移光栅的折射率调制深度呈均匀分布，如图 3-1-6 所示。与普通光栅相比，相移光栅的纵向折射率调制在中间位置发生了一个 π 相位突变，是在布拉格光栅的反射谱中间打开了一个窄带的透射峰，也可以说是在透射谱中间打开了一个窄带的反射峰。典型的 π 相移光纤光栅光谱如图 3-1-7 所示，可以看出相移光栅透射谱中间有一个窄带的反射峰。中间狭缝的波长取决于相移量的大小，当相移为 π 时，中间狭缝的波长为布拉格波长，当有泵浦光激励时，在中间狭缝的波长处会产生激光输出，并且 DFB 光纤激光器的两端产生的激光的输出功率相等。

图 3-1-6　相移光栅的折射率调制深度

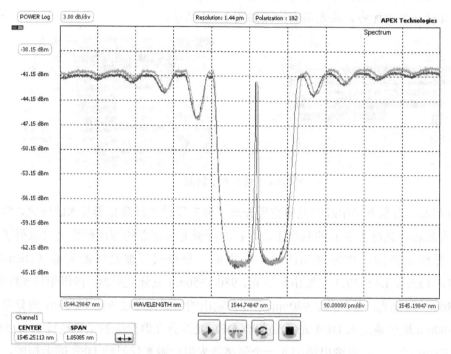

图 3-1-7　典型的 π 相移光纤光栅光谱

　　采用动态相位掩模板法制作相移光纤光栅，制作系统原理图如图 3-1-8 所示。与常规的二次曝光法或遮挡法等相比，动态相位掩模板法具有工艺灵活、相移位置和相移量精确可控的优点。

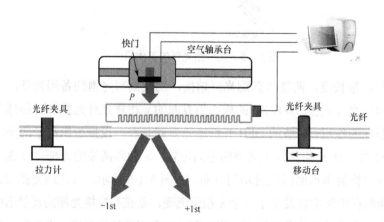

图 3-1-8　采用动态相位掩模板法制作相移光纤光栅的制作系统原理图

以常用的 ITU C34 通道为例，制作波长为 1550.12±0.1nm（25℃）的掺铒相移光栅，光栅长度设定为 38mm，裸纤区的长度一般为 42mm 左右，光栅基本是完全写在铒纤上的，即铒纤的长度就是 38～40mm，980nm 匹配光纤在熔接点外各有 1～2mm 的裸纤，这段长度用来封装时进行粘胶，相移位置在 0.45Lg（Lg 表示光栅长度）处，近相移点端为窄线宽激光的输出端，会有标签标记。掺铒 π 相移光栅认定合格的参数标准如下。

波长：1550.12±0.1nm@25℃；

效率：>1‰（取 B/A）；

泵浦剩余率：>70%（取 C/A）；

静态线宽：<3kHz（实验室环境，无明显声音振动扰动）；

RIN：<−105dB @peak of ROF（200mW 泵浦功率下）。

3.1.3.7　半导体激光器

1962 年，美国科学家 Keyes 等人发现了砷化镓（GaAs）材料的光发射现象，之后工程师 Hall 在此基础上造出了世界上第一台半导体激光器[18]，图 3-1-9 所示为常见的半导体激光器的实物图。经过 50 多年的发展，半导体激光器各个方面的性能均得到了显著的提高：它的输出波长覆盖范围逐渐拓宽，可进行 300～3400nm 范围内的任意光输出；阈值电流显著减小；发光效率逐渐升高，量子阱半导体激光器能够达到 60%以上，极大地提高了电能转换效率；使用寿命由最初的几百小时延长到百万小时，显著降低了应用成本；半导体激光器对工作温度的要求也越来越低，最初它只能在−196℃的环境中断续地工作，现在可在室温下长时间地连续工作；通过级联的方式，半导体激光器的输出功率能够达到 1kW 以上，可满足各行业的高功率要求。半导体激光器的诸多优点使得其应用领域日益扩大，覆盖了整个光电子领域，成为当今光电子科学的核心技术。半导体激光器在激光测距、激光雷达、光通信、激光武器、自动控制、仪器检测等方面获得了广泛的应用，形成了广阔的市场。

图 3-1-9　常见的半导体激光器的实物图

1. 半导体激光器工作原理

图 3-1-10 所示为半导体材料的能带结构，一般来说，处于高能态的导带电子是很不稳定的，它们会向能态较低的价带跃迁，将能量以光子的形式释放出来，发射的光子的能量等于

导带和价带的能量差，即

$$hv = E_c - E_v = E_g \qquad\qquad (3\text{-}1\text{-}1)$$

式中，E_c、E_v 分别为电子在导带和价带的能量；E_g 为禁带能量；$h=6.628\times10^{-34}\text{J·s}$，为普朗克常量；$v$ 为吸收或辐射的光子频率。

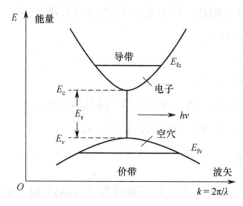

图 3-1-10　半导体材料的能带结构

当自发辐射时，高能态电子自发跃迁到低能态，释放的能量转换为光子，这些光子具有随机的方向、相位和偏振状态，出射光为非相干光。在受激辐射时，处于高能态的电子受到入射光的激发而跃迁到低能态并产生光子，出射的光子与入射的光子具有相同的频率、方向、相位和偏振状态，出射光为相干光，半导体激光器正是利用这个原理进行工作的。

典型半导体激光器结构示意图如图 3-1-11 所示，典型的半导体激光器是由带隙能量较高的 P 型和 N 型半导体材料中间夹一层非常薄的有源层而构成的。在 P-N 结的两端加上正向偏置电压后，电子从 N 区流向 P 区，空穴从 P 区流向 N 区，在作用区内，电子和空穴发生复合并产生光子。当注入的电流达到一定程度时，便向外输出激光。

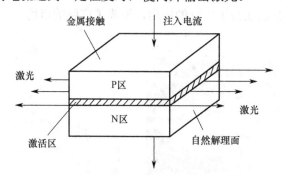

图 3-1-11　典型半导体激光器结构示意图

应用中，为了使半导体激光器正常工作，其工作环境要满足两个先决条件：一是增益条件，具有增益介质，能够实现粒子数反转分布；二是相位条件，具有谐振腔，实现相位匹配，自洽放大。在半导体激光器中对激活区两边的 P 型和 N 型半导体材料进行重掺杂，P-N 结在正向偏压下，费米能级分裂进入价带和导带，当注入激活区的载流子浓度超过一定值后，实现粒子数反转。此时，如果有光信号进入激活区，则载流子通过受激辐射复合而对光信号提供光增益。在半导体激光器中，光反馈由激活区两端的自然解理面构成的 F-P 腔来提供；自然解理面的两侧分别为激活区物质和空气，它们的折射率不同，所以激光器内的光线会在此端面上发生反射作用、反复循环振荡。由于激光器的激活区存在吸收、散射等各种损耗，以及 F-P 腔的输出损耗，因此输出电流必须大于一定值才能形成激光振荡，该最小的注入电流即为半导体激光器的阈值电流[18]。

2. 半导体激光器的特性

如图 3-1-12 所示为一个 1310nm 半导体激光器在 $10 \sim 130\,^{\circ}\mathrm{C}$ 范围内的 $P\text{-}I$ 特性曲线。图中底端有一些非常靠近坐标轴的曲线，它们对应的电流即为阈值电流 I_{th}。当注入电流小于 I_{th} 时，激光器的输出功率随电流的增大而以极其微弱的幅度增大，激光器工作在自发辐射状态，只能发出较弱的荧光；当注入电流大于 I_{th} 后，激光器的输出功率急剧增大，会发出强烈的激光。

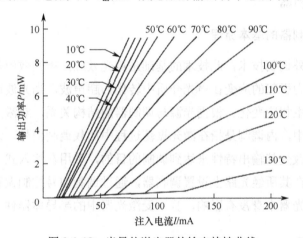

图 3-1-12　半导体激光器的输出特性曲线

从图 3-1-12 可以看出，半导体激光器的 $P\text{-}I$ 特性会随着器件的工作温度的变化而发生变化。在 $25\,^{\circ}\mathrm{C}$ 左右的工作环境下，该激光器的阈值电流约为 20mA，驱动电流为 50mA 时的输出功率约为 4mW；当工作温度持续升高达到 $100\,^{\circ}\mathrm{C}$ 时，其阈值电流变为 50mA，输出功率几乎为 0，$P\text{-}I$ 线性关系也逐渐变得恶化。可见，随着器件温度的逐渐升高，半导体激光器的阈值电流会显著增大，同时激光器的输出光功率减小到极低的数值，电光转换效率低下，大部分电能被转化为无用的热量并耗散掉。

此外，半导体激光器的输出波长对注入电流和运行温度敏感，研究表明，每毫安电流的变化会引起约 0.02nm 输出波长的漂移，每摄氏度温度的变化会引起约 0.1nm 输出波长的改变。

另外，半导体激光器是一种比较敏感的器件，存在着较多的外部失效因素，包括暗线缺陷、腔面损伤、电极退化、浪涌冲击、静电击穿等。前几种失效原因主要与激光器的制造过程、工艺、材料相关，用户无法控制，与之相比，浪涌冲击、静电击穿是用户应该关注的问题，在应用中应设法加以保护[18]。

3.2 声/电光调制器

光调制器是高速、短距离光通信的关键器件，是最重要的集成光学器件之一。按照其调制原理来讲，光调制器包括 4 类：（1）利用材料（如铌酸锂）在声波的作用下产生应变而引起折射率变化，即光弹效应实现光调制的声光（AO）调制器；（2）利用电光晶体（如铌酸锂）的折射率随外加电场的变化而变化，即电光效应实现光调制的电光（EO）调制器；（3）利用光通过磁光晶体（如钇铁石榴石）时，在磁场作用下其偏振面可发生旋转实现光调制的磁光调制器；（4）用集成光学技术在基片上制成薄膜光波导实现电光、磁光或声光调制的波导型光调制器。本节主要介绍声光调制器和电光调制器这两种。

3.2.1 声光调制器

3.2.1.1 声光调制器的基本原理

声光调制是一种外调制技术，此技术的基础是声光效应，声光效应是光弹效应的一种形式，其实质是外界应力引起的应变在声光介质中转化为超声波，当光波通过该声光介质时，会在时间和空间上发生相应变化。根据光源与调制器的结构关系，对激光的调制有内调制和外调制两种方法。其中，内调制是指在激光振荡过程中加载调制信号，调制信号会影响激光器的振荡参数，进而改变其输出特性来达到调制的目的，多用在注入式半导体光源中；外调制是指激光形成后，在其所经光路上设置调制器，通过调制信号控制调制器使光束的参量受到调制，该方式对激光器本身没有影响，且不受激光器中的半导体器件工作速率的制约，故被广泛采用。

通常把控制激光束强度变化的声光器件称作声光调制器，它利用声光效应将信息加载于光频载波上。调制信号以电信号（调幅）形式作用于电声换能器上，再转换为以电信号形式变化的超声场，当光波通过声光介质时，声光作用会使光载波受到调制而成为"携带"信息的强度调制波。

声光调制技术比光源的直接调制技术有高得多的调制频率。与电光调制技术相比，它有更高的消光比（一般大于 1000:1）、更低的驱动功率、更优良的温度稳定性、更好的光点质量、更低的价格。与机械调制方式相比，它有更小的体积、更小的质量、更好的输出波形。根据它的用途特点可分为：脉冲声光调制器、线性声光调制器、正弦声光调制器、红外声光调制器等。在分布式振动传感系统中用的是脉冲声光调制器。

声光调制器由声光介质、压电换能器和电极构成。当驱动源的某种特定载波频率驱动换能器时，换能器会产生同一频率的超声波并传入声光介质，在声光介质内形成折射随声场的分布，光束通过声光介质时即发生相互作用，从而改变光的传播方向即产生衍射，声光调制器的结构如图 3-2-1 所示。

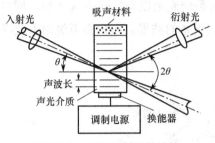

图 3-2-1 声光调制器的结构

衍射模式有布拉格衍射和拉曼-奈斯型衍射。无论是哪种衍射，其衍射效率都与附加相位延迟因子 $v = \frac{2\pi}{\lambda}\Delta nL$ 有关，其中的声致折射率差 Δn 正比于弹性应变 S，而 S 正比于声功率 P_s，故当声波场受到信号的调制从而使声波振幅随之变化时，衍射光强也将随之发生相应的变化。布拉格声光调制特性曲线与电光强度调制相似，声光调制特性曲线如图 3-2-2 所示。可以看出，衍射效率 η 与超声功率 P_s 是非线性调制曲线形式，为了使调制波不发生畸变，需要加超声偏置，使其工作在线性较好的区域。

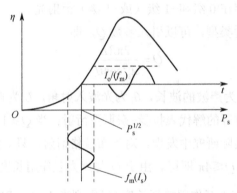

图 3-2-2 声光调制特性曲线

对于拉曼-奈斯型衍射，工作声源率低于 10MHz，图 3-2-3（a）所示为这种调制器的工作原理，其各级衍射光强为 $J_n^2(v)$ 的倍数。若取某一级衍射光作为输出，可利用光阑将其他各级的衍射光遮挡，则从光阑孔出射的光束就是一束随 v 变化的调制光。由于拉曼-奈斯型衍射效率低，因此光能利用率也低，当工作频率较高时，有效的作用区长度 L 太小，要求的声功率很高，因此拉曼-奈斯型声光调制器只限于在低频工作，具有有限的带宽。

对于布拉格衍射，其衍射效率已给出。布拉格型声光调制器的工作原理如图 3-2-3（b）所示。在声功率 P_s（或声强 I_s）较小的情况下，衍射效率 η_s 随声强 I_s 单调地增大（呈线性关系），则

$$\eta_s \approx \frac{\pi^2 L^2}{2\lambda^2 \cos^2\theta_b} M_2 I_s \tag{3-2-1}$$

式中，$\cos\theta_b$ 因子考虑了布拉格角对声光作用的影响。因此，若对声强加以调制，衍射光强也

就受到了调制。布拉格衍射必须使光束以布拉格角 θ_b 入射，同时在相对于声波阵面的对称方向接收衍射光束时，才能得到满意的结果。布拉格衍射由于效率高，且调制带宽较大，故多被采用[1]。

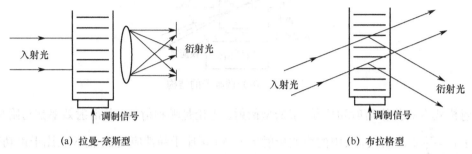

(a) 拉曼-奈斯型　　　　　　　　　　　　　　(b) 布拉格型

图 3-2-3　两种声光调制器的工作原理

从外界条件分析，产生拉曼-奈斯衍射的超声波频率小，声光互作用长度小，光波入射方向与声波传播方向垂直，在声光介质的另一端，对称分布着多级衍射光。而产生布拉格衍射的超声波频率大，声光互作用长度大，光波入射方向与声波传播方向的夹角要求为布拉格角，在声光介质的另一端，只存在 0 级和 +1 级（或 -1 级）衍射光。

为了定量区分两种衍射类型，可以引入参数 Q，即

$$Q = \frac{2\pi\lambda L}{\lambda_s^2 \cos\theta_i} \tag{3-2-2}$$

式中，λ 为光波的波长，λ_s 为声波的波长，θ_i 为光波入射角，L 为声光互作用长度。当 $Q \leqslant 1$ 时，此条件下声光耦合波方程的解代表拉曼-奈斯型衍射；当 $Q \geqslant 1$ 时，此时声光耦合波方程的解代表布拉格衍射。在实际研究中发现，对于布拉格衍射，只需满足 $Q \geqslant 4\pi$ 即可；对于拉曼-奈斯型衍射，只需满足 $Q \leqslant 4\pi$ 即可。由于 Q 与声光互作用长度有关，为了应用方便，引入新变量 $L_0 \approx \frac{\lambda_s^2}{\lambda}$，称之为声光互作用特征长度。可得到当 $L \geqslant 2L_0$ 时，为布拉格衍射，当 $L < 2L_0$ 时，为拉曼-奈斯型衍射。类似地，也可引入特征频率作为区分标准[2]，此处不再详述。

3.2.1.2　声光调制器的性能参数

（1）光波长：用于声光互作用的有效波长。

（2）光波长范围：满足声光性能参数规约的光波长宽度。

（3）工作频率：声光调制器驱动源的载波频率 f_0，即声光介质内超声波的频率，该频率越大，布拉格衍射中衍射光与 0 级光的夹角就越大，使得两束光越易于分离。其中，衍射光与 0 级光严格分离的条件是 $f_0 \geqslant \frac{2.55}{\tau} = 3.5 f_s$，式中，$f_s$ 为调制信号的频率，τ 为渡越时间。τ 的定义为 $\tau = \frac{d_0}{v}$，式中，d_0 为激光束的直径，v 为声速。由上述分析可知，在选择驱动源的频率范围时，一方面要考虑器件的调制带宽应满足传输信号的需要，另一方面要参考所用激光

束的直径，使激光发生布拉格衍射后易于将衍射光子分离[3]。

（4）衍射效率：级光强（或衍射光强）与透过声光介质总光强的百分比，是声光调制器的一个重要参量。根据声光晶体的相关知识，要得到 100% 的衍射效率所需要的声强为

$$I_s = \frac{\lambda^2 \cos^2 \theta_b}{2M_2 L^2} \qquad (3\text{-}2\text{-}3)$$

若要表示所需的声功率，则为

$$P_s H L I_s = \frac{\lambda^2 \cos^2 \theta_b}{2M_2 L^2}\left(\frac{H}{L}\right) \qquad (3\text{-}2\text{-}4)$$

可见，声光材料的品质因数 M_2 越大，要获得 100% 的衍射效率所需要的声功率越小。而且电声换能器的截面应做得长（L 大）而窄（H 小）。然而，长度 L 的增大虽然对提高衍射效率有利，但会导致调制带宽的减小（因为声束发散角 δ_φ 与 L 成反比，δ_φ 值小意味着调制带宽小）。令 $\delta_\varphi = \dfrac{\lambda_s}{2L}$，带宽可写成

$$\Delta f = \frac{2n v_s \lambda_s}{\lambda L} \cos \theta_b \qquad (3\text{-}2\text{-}5)$$

由此解出 L，并应用声光晶体的相关知识可得

$$2\eta_s f_0 \Delta f = \left(\frac{n^7 P^2}{\rho v_s}\right)\frac{2\pi^2}{\lambda^2 \cos \theta_b}\left(\frac{P_s}{H}\right) \qquad (3\text{-}2\text{-}6)$$

式中，f_0 为声中心频率（$f_0 = v_s/\lambda_s$）。引入因子 $M_1 = \dfrac{n^7 p^2}{\rho v_s} = (n v_s^2)M_2$，$M_1$ 为表征声光材料的调制带宽特性的品质因数。M_1 越大，声光材料制成的调制器所允许的调制带宽越大[4]。

（5）脉冲重复率：脉冲信号包络的时间周期的倒数。

（6）光脉冲上升时间：脉冲信号前沿从 10% 上升到 90% 稳定值的时间。

（7）动态调制度：信号包络的最大值 I_{max} 和最小值 I_{min} 按公式 $(I_{max}-I_{min})/(I_{max}+I_{min})$ 计算所得的数值。

（8）调制带宽：调制带宽是声光调制器的一个重要参量，它是衡量能否无畸变地传输信息的重要指标，它受到布拉格带宽的限制。对于布拉格型声光调制器而言，在理想的平面光波和声波的情况下，波矢量是确定的，因此对给定的入射角和波长的光波，只有一个确定频率和波矢的声波能满足布拉格条件。当采用有限的发散光束和声波场时，波束的有限角将会扩展，因此，在一个有限的声频范围内，才能产生布拉格衍射。根据布拉格衍射方程，得到允许的声频带宽 Δf_s 与布拉格角允许的变化量 $\Delta\theta_b$ 之间的关系为

$$\Delta f_s = \frac{2n v_s \cos \theta_b}{\lambda}\Delta\theta_b \qquad (3\text{-}2\text{-}7)$$

式中，$\Delta\theta_b$ 是由光束和声束的发散所引起的入射角和衍射角的变化量，也就是布拉格角允许的变化量。设入射光束的发散角为 δ_{θ_i}，声波束的发散角为 δ_φ，对于衍射受限制的波束，这些波束发散角与波长和束宽的关系分别近似为

$$\delta_{\theta_i} \approx \frac{2\lambda}{\pi n \omega_0}, \delta_\varphi \approx \frac{\lambda_s}{D} \qquad (3\text{-}2\text{-}8)$$

式中，ω_0 为入射光束的束腰半径；n 为介质的折射率；D 为声束宽度。显然入射角（光波矢 k_i 与声波矢 k_s 之间的夹角）的覆盖范围应为 $\Delta\theta = \delta_{\theta_i} + \delta_\varphi$。若将角内传播的入射（发散）光束分解为若干不同方向的平面波（即不同的波矢 k_i），则对于光束的每个特定方向的分量，在 δ_φ 范围内就有一个适当频率和波矢的声波可以满足布拉格条件。而声波束因受信号的调制，同时包含许多中心频率的声载波的傅里叶频谱分量，因此，对每个声频率，具有许多波矢方向不同的声波分量都能引起光波的衍射。于是，相应于每一确定角度的入射光，就有一束发散角为 $2\delta_\varphi$ 的衍射光，如图 3-2-4 所示。

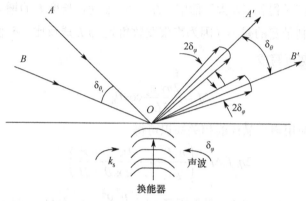

图 3-2-4　具有波束发散的布拉格衍射

而每一衍射方向对应不同的频移，所以为了恢复衍射光束的强度调制，必须使不同频移的衍射光分量在平方律探测器中进行混频。因此，要求两束最边界的衍射光（如图中的 OA' 和 OB'）有一定的重叠，这就要求 $\delta_\varphi \approx \delta_{\theta_i}$，若取 $\delta_\varphi \approx \delta_{\theta_i} = \lambda / \pi n \omega_0$，则调制带宽为

$$(\Delta f)_m = \frac{1}{2}\Delta f_s = \frac{2\omega_s}{\pi \omega_0}\cos\theta_b \qquad (3\text{-}2\text{-}9)$$

式（3-2-9）表明，声光调制器的带宽与声波穿过光束的渡越时间（ω_0/v_s）成反比，即与光束直径成反比，用宽度小的光束可得到大的调制带宽。但是光束发散角不能太大，否则，0 级和 1 级衍射光束将有部分重叠，会使调制器的效果变差。因此，一般要求 $\delta_{\theta_i} < \delta_\varphi$，于是可得

$$\frac{(\Delta f)_m}{f_s} \approx \frac{\Delta f}{f_s} < \frac{1}{2} \qquad (3\text{-}2\text{-}10)$$

即最大的调制带宽 $(\Delta f)_m$ 近似等于声频率 f_s 的一半。因此，大的调制带宽要采用高频布拉格衍射才能得到[5]。

（9）线性度：一级衍射光强与控制电压改变的关系曲线的线性状况。

（10）电压可调范围：满足线性度指标的控制电压范围。

（11）线性光强等级：衍射光强随控制电压的改变所能达到的可分辨的光强变化等级，也

可称之为灰度等级。

（12）消光比：一级光衍射光方向上器件处于"开"状态的最佳衍射光强与"关"状态下的杂散光强的比值。

（13）光学透过率：声光介质插入光路中的透过光强与自由光路的光强的百分比。

（14）移频带宽：以中心频率处衍射光强的最大值为基准，衍射光强随声载波频率的改变而下降至 3dB 所对应的带宽。

3.2.2　电光调制器

3.2.2.1　电光调制器的基本原理

电光调制器是利用某些电光晶体，如铌酸锂晶体（$LiNbO_3$）、砷化镓晶体（GaAs）和钽酸锂晶体（$LiTaO_3$）的电光效应而制成的调制器。电光效应是指当把电压加到电光晶体上时，电光晶体的折射率将发生变化，会引起通过该晶体的光波特性的变化，实现对光信号的相位、幅度、强度及偏振状态的调制。

电光调制的物理基础是电光效应。电光效应是指对锦酸锂晶体施加电场时，晶体的折射率发生变化的效应。有些晶体内部因自发极化存在着固有电偶极矩，当对这种晶体施加电场时，外电场使晶体中的固有电偶极矩的取向倾向于一致或某种优势取向，因此，必然改变晶体的折射率，即外电场使晶体的光率体发生变化。电光晶体位于起偏镜和检偏镜之间，在未施加电场时，起偏镜和检偏镜相互垂直，自然光通过起偏镜后被检偏镜挡住而不能通过。施加电场时，光率体变化，光便能通过检偏镜。通过检偏镜的光的强弱由施加于晶体上的电压的大小来控制，即通过控制调制电压来实现对光强进行调制的目的。电光效应包括克尔效应和泡克耳斯效应。

1. 克尔效应

1875 年英国物理学家约翰·克尔发现，玻璃板在强电场的作用下具有双折射性质，这一效应称为克尔效应。后来他发现，多种液体和气体都能产生克尔效应。克尔效应的实验装置如图 3-2-5 所示。内盛某种样品（如硝基苯）的玻璃盒为克尔盒，盒内装有平行板电容器，加电压后产生横向电场，克尔盒放置在两正交偏振片之间。无电场时液体为各向同性，光不能通过 N_2。存在电场时，液体具有单轴晶体的性质，光轴沿电场方向，此时有光通过 N_2。实验表明，在电场的作用下，主折射率之差与电场强度的平方成正比。当电场改变时，通过 N_2 的光强随之变化，故克尔效应可用来对光波进行调制。液体在电场的作用下产生极化，这是产生双折射性的原因。电场的极化作用非常迅速，在加电场后不到 10^{-9}s 就可完成极化过程，撤去电场后在同样短的时间内重新变为各向同性。克尔效应的这种瞬时反应的性质可用来制造几乎无惯性的光的开关——光闸，在高速摄影、光速测量和激光技术中获得了重要应用。

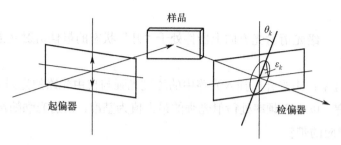

图 3-2-5　克尔效应的实验装置

2. 泡克耳斯效应

1893 年德国物理学家 F.C.A.泡克耳斯发现了泡克耳斯效应。一些晶体在纵向电场（电场方向与光的传播方向一致）的作用下其各向异性性质会改变，产生附加的双折射效应。例如，把 KH_2PO_4 晶体放置在两块平行的导电玻璃板之间，导电玻璃板构成能产生电场的电容器，晶体的光轴与电容器极板的法线一致，入射光沿晶体光轴入射。与观察克尔效应一样，可用正交偏振片观察系统。不加电场时，入射光在晶体内不发生双折射，光不能通过检偏器。加电场后，晶体产生双折射，就有光通过检偏器。泡克耳斯效应与所加电场强度成正比，大多数压电晶体都能产生泡克耳斯效应。泡克耳斯效应与克尔效应一样，常用于光闸、激光器的 Q 开关和光波调制等。

电光调制有调相和调幅之分。电光调相不改变输出光的偏振态，只改变其相位。电光调幅借助于晶体的电光效应，使光束从线偏振光变为椭圆偏振光，再通过检偏器转换为光的强度调制。典型的电光振幅调制器如图 3-2-6 所示。

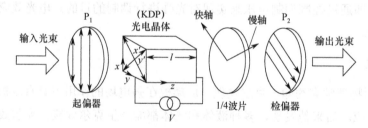

图 3-2-6　典型的电光振幅调制器

图中，P_1、P_2 分别为起偏器和检偏器，两者的透光轴相互垂直，P_1 的透光轴平行于晶体的 x 主轴，P_2 的透光轴平行于晶体的 y 主轴，并在 P_1、P_2 间插入 1/4 波片。加上电场 V 后，晶体的感应 x'、y' 主轴分别旋转到与原 x 主轴、y 主轴成 45°夹角的方向。因此，入射光束经 P_1 后与 x 主轴平行的线偏振光束进入晶体（$z=0$），并沿 x' 主轴、y' 主轴分解成两个相位和振幅均相等的分量，即

$$\begin{cases} E_x' = A\cos\omega_0 t \\ E_y' = A\cos\omega_0 t \end{cases} \tag{3-2-11}$$

若用复数表示形式，则有 $E_{x'}(0) = A$，$E_{y'}(0) = A$，因此输入光强为

$$I_0 \propto E \times E^* = \left|E_{x'}(0)\right|^2 + \left|E_{y'}(0)\right|^2 = 2A^2 \tag{3-2-12}$$

当光通过长度为 l 的晶体后，在输出面 $z=l$ 处，x' 和 y' 分量之间将产生相位差 $\Delta\varphi$，则有

$$\begin{cases} E_{x'}(l) = \dot{A}' \\ E_{y'}(l) = \dot{A}' \, \mathrm{e}^{-\mathrm{i}\Delta\varphi} \end{cases} \tag{3-2-13}$$

这样从 P_2 出射的光则为 $E_{x'}(l)$ 和 $E_{y'}(l)$ 在 y 主轴上的分量之和，即

$$\left(E_y\right)_0 \equiv \frac{\dot{A}'}{\sqrt{2}}\left(\mathrm{e}^{-\mathrm{i}\Delta\varphi} - 1\right) \tag{3-2-14}$$

而输出光强为

$$I \propto \left[(E_y)_0 (E_y^*)_0\right] = \frac{A'^2}{2}\left[(\mathrm{e}^{-\mathrm{i}\Delta\varphi} - 1) \cdot (\mathrm{e}^{-\mathrm{i}\Delta\varphi} - 1)\right] = 2A'^2 \sin^2 \frac{\Delta\varphi}{2} \tag{3-2-15}$$

所以透过率 T 可表示为

$$T = \frac{I}{I_0} = \sin^2 \frac{\Delta\varphi}{2} = \sin^2\left[\left(\frac{\pi}{2}\right)\frac{V}{V_\pi}\right] \tag{3-2-16}$$

式中，I 为输出光强，I_0 为输入光强，V_π 为当 $\Delta\varphi=\pi$ 时加在晶体上的电压，通常叫作晶体的半波电压。此式表明，透过率随外加电压的变化而变化。T 和 V 之间的关系是非线性的，故必须选择合适的调制工作点，否则调制光强将发生畸变。在 $V=V_\pi/2$ 附近近似有一线性关系（$V_\mathrm{m} \ll V_\pi$）。因此，在设计调制器时，必须设法使调制器工作在此线性部分。在图 3-2-6 中插入一个 1/4 波片，使 x'、y' 两个分量间产生固定相位差 $\Delta\varphi=\pi/2$。当 $V_\mathrm{m} \ll V_\pi$ 时，就变为

$$\frac{I}{I_0} = \sin^2\left(\frac{\pi}{4} + \frac{\pi}{2}\frac{V}{V_\pi}\right) = \frac{1}{2}\left[1 + \sin\left(\pi\frac{V}{V_\pi}\right)\right] \tag{3-2-17}$$

这里的电压 V 在直线部分变动，这表明在一个小的正弦调制电压的作用下，会使已调制光波的强度变化与调制信号之间是线性关系，光强的变化就能正确地反映信号的变化[18][19]。

3. 电光调制的优缺点

电光调制器常用的有两种方式。

一种是加在晶体上的电场方向与通光方向平行，称为纵向电光效应（也称为纵向运用）。这种调制方式结构简单，工作稳定，无自然双折射的影响，不需要进行补偿。但由于外加电场的方向与光的传播方向同向，因此在电光晶体的端面，电极须做成环形电极或者镀以透明电极，光才能通过。这样给加工带来一定的难度，而且电极对光束有干扰作用。除此之外，在该种方式下半波电压太高，功率损耗也较大。

另一种是通光方向与所加电场的方向相垂直，称为横向电光效应（也称为横向运用）。采用横向调制时，电场电极不会妨碍光的传输，而且也便于制作。若采用又长又薄的晶体，还可以减小半波电压值。但由于存在着自然双折射引起的相位延迟，且随温度的漂移而改变，往往使已调波发生畸变，若采用"组合调制器"来进行补偿，要求两块组合的电光晶体长短一致，且具有相同的温度分布特性等，这很难实现。为了避免这一缺点，有人提出了偏振光

旋转反射法，在光路中插入一个 λ/4 波片，此方法比较方便，但是这样一来，器件的增多又增大了插入损耗。还有人提出运用调节外加电压的方法来补偿温度变化，但是这种方法很复杂，而且补偿的范围十分有限。

3.2.2.2　电光调制器的分类及特点

根据电光调制器的器件结构的不同，可以分成体型电光调制器和波导传输型电光调制器。

1. 体型电光调制器的特点

小功率体型电光调制器的结构如图 3-2-7 所示，将电光晶体置于起偏器和检偏器之间，起偏器和检偏器的偏振方向互相垂直。电光晶体经过特殊切割并在其上下两面制作一对电极。当不施加电场时，入射线偏振光通过晶体的偏振方向不发生改变，这时的输出光强是零。当施加电场时，由于受场的作用，晶体的折射率椭球发生改变，入射线偏振光经过晶体后的偏振方向发生旋转，输出光强不为零，这样实现了输出光强的电光调制。

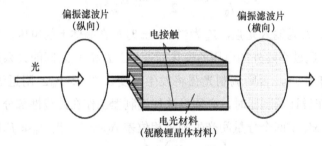

图 3-2-7　小功率体型电光调制器的结构

在这种调制器中，几乎整个晶体材料都要受到外加电场的作用，因此必须施加很强的外电场才能改变整个晶体的光学特性，达到调制晶体中的光波的目的。这种调制器的缺点是调制电压比较高（几百伏甚至上千伏），因为目前电光晶体的电光系数都比较小，所以要在传播方向上实现偏振面 90°的旋转，需要施加很高的电压，因此目前很少使用这种类型的调制器[20][21]。

2. 波导传输型电光调制器的特点

随着集成光学的发展，人们利用光波导能将光波限制在微米量级的波导区中并沿一定方向传播的特性，来实现光学器件的平面化和光学系统的集成化，即电光波导器件。介质光波导是该类器件的基本组成部分，它主要分为平面波导和沟道波导，近年来还出现了脊波导结构。这类器件的薄膜波导层的折射率与衬底的折射率相差非常小，形成弱导条件，且波导层厚度可以与光波长相比拟，这样光波在薄膜波导的上下界面发生全反射，使光波被限制在薄膜中并呈锯齿形传播，即被限制在非常小的区域内，当外加电场对薄膜中的波加以调制时，就形成了光波导调制器。

与体电光调制器一样，波导电光调制器也是利用晶体介质的泡克耳斯效应使介质的介电张量产生微小的变化来产生相差的，但由于波导调制器基本只对很小的包膜区施加外电场，将场限制在薄膜区附近，因此它需要的驱动功率比体调制器要小一到两个数量级。具体到波导电光调制器来说，为了利用最大的电光系数，常常使外加电场取 z 轴的方向，为避免双折射效应，光波的偏振方向与外加电场一致，这样不会出现非对角的张量变化，当工作模式设计为单模传输时，可以不考虑模式间的耦合问题。

相位调制器是波导电光调制器[22]中最简单的器件。图 3-2-8 所示为典型的铌酸锂波导电光相位调制器的示意图。在晶体上用溅射方法形成一对薄膜电极，当沿 z 轴施加外电场时，光通过波导后的相位变化量为

$$\Delta\varphi = -\pi n_0^3 \gamma_{33} \Gamma \frac{Vl}{G\lambda} \tag{3-2-18}$$

式中，G 为电极间隙宽度，Γ 为积分重叠因子，表示外加电场和光波场之间的互作用大小。

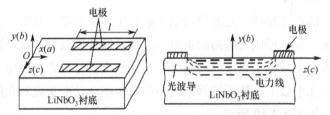

图 3-2-8　典型的铌酸锂波导电光相位调制器的示意图

波导传输型电光光强调制器有很多种结构，最常用的一般有两种：M-Z 干涉仪式调制器和定向耦合器型调制器。

M-Z 干涉仪式调制器结构如图 3-2-9（a）所示，输入光波经过一段光路后在一个 Y 分支处被分成相等的两束，分别通过两个光波导传输，光波导是由电光材料制成的，其折射率随外加电压的变化而变化，从而使两束光信号到达第二个 Y 分支处并产生相位差。若两束光的光程差是波长的整数倍，则两束光相干加强；若两束光的光程差是波长的 1/2，则两束光相干抵消，调制器的输出很小，因此通过控制电压就能对光信号进行调制。

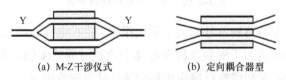

（a）M-Z干涉仪式　　　　　　（b）定向耦合器型

图 3-2-9　铌酸锂调制器基本构件

在 M-Z 干涉仪式调制器中，调制带宽受到光波速度和电微波或毫米波速度之差、电极特征阻抗、电极传播损耗的限制，尤其光波和电毫米波之间的速度匹配、微波衰减是影响行波调制器性能的两个关键问题。目前可通过对行波电极构形进行设计来解决这两个问题，如采用 Z 切不对称条状线（ASL）电极构形可比采用其他电极构形有更好的阻抗匹配，从而减小损耗；或采用 Z 切共面波导（CPW）电极，则可获得更低的驱动功率，也可提供较好的阻抗匹配。

定向耦合器型调制器如图 3-2-9（b）所示，它由两个平行且距离很小的波导组成，一个波导的光能够横向耦合到另一个波导内，电极电场的作用是改变波导的传播特性和促进两个波导之间的横向光耦合。在光的一个耦合周期的长度内，当电极上无电压时，一个波导内传播的光完全耦合到另一个波导传播，最终导致原波导无光输出，所有的光均耦合到另一个波导输出。当电极上有电压时，进入一个波导内的光经过耦合后将完全返回原波导传播和输出。这种方式既可作为强度调制，又可作为光开关。

分析研究结果表明，上述两种调制器的动态范围和品质因数都类似，但 M-Z 结构的数学模型要简单得多，定向耦合器对耦合段波导长度的要求非常严格，实际制作起来比较困难。另外，定向耦合结构的消光比除受长度制作公差的制约外，还受波导间的串音干扰的限制，而且在同等条件下，定向耦合器结构的驱动电压大约为 M-Z 结构的 1.7 倍，因此实际商用化的调制器多采用 M-Z 结构。

随着低损耗光纤的迅速发展，光波导调制器取代了体调制器。其实现方案是利用某种工艺技术使晶体中的某一部分形成相对高的折射率区域，即介质波导，光纤通过介质光波导的两端进行对接，因而大大减小了光损耗。同时为了加强电信号对光的作用，将电极改成共面结构，将调制信号加在电极上，从而能够以较小的信号驱动功率实现对光的调制，这就是集总参数电极调制器，如图 3-2-10 所示。

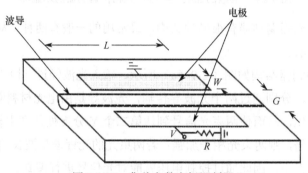

图 3-2-10　集总参数电极调制器

集总参数电极的长度与调制信号的波长相比很小，装有电极的调制晶体等效为一个电容，即一个集总元件。这种结构由于受到光波在晶体中渡越时间的限制，而只能用在低速电光调制器中，集总参数电极的调制带宽直接由电极的 RC 时间常数确定

$$\Delta f = \frac{1}{\pi RC} \tag{3-2-19}$$

式中，C 为电极间电容，R 为负载电阻，即调制带宽与电极间电容成反比。减小电极间距可以实现较低的驱动功率，但同时极间电容会增大，调制带宽就会相应减小，理论和实验研究表明这种结构的带宽不超过 2GHz。

行波电极和集总参数电极的区别在于电极馈电方式和终端负载不同，行波调制器的电极处于分布参量状态，所以必须使终端负载和输入信号源的阻抗等于电极的特性阻抗。行波电极调制器的结构如图 3-2-11 所示。

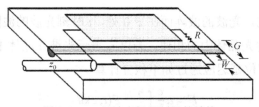

图 3-2-11　行波电极调制器的结构

　　行波电极实际上就是一种传输线结构，以电极作为共面微带传输线，让光波与微波沿共面电极的同一方向传播，且信号以行波的形式加到晶体上，使高频电场以行波形式与光波场互相作用，并让光波与调制信号在晶体内始终具有相同的相速，这样光波的波前在晶体中受到的调制是相同的，理论上可以消除渡越时间的影响。而传输线相对于集总参数电极，能够得到更高频率的传输，进而提高带宽。

　　从理论上讲，在行波结构中，如果光波和电信号的相速相同，那么可以得到极大的带宽。但实际上 LiNbO$_3$ 材料是铁电体材料，在微波中的相对介电常数比在光波中的相对介电常数大得多。比如对于 Z 切 LiNbO$_3$，当光波的波长是 1.55μm 时，光波折射率 N_0=2.15，微波折射率为

$$N_{\mathrm{m}} = \left(\varepsilon_\lambda \varepsilon_{\mathrm{s}}\right)^{\frac{1}{4}} \qquad (3\text{-}2\text{-}20)$$

式中，ε_λ=43 和 ε_{s}=28 分别是 LiNbO$_3$ 材料在 X 方向和 Z 方向的相对介电常数。从式（3-2-20）可得 N_{m}=5.89，远远大于 N_0，若不考虑损耗，则行波调制器的带宽 Δf 可以表示为

$$\Delta f = \frac{1.4c}{\pi L(N_{\mathrm{m}} - N_0)} \qquad (3\text{-}2\text{-}21)$$

式中，L 为电光相互作用长度。当微波和光波速度相等时，$N_{\mathrm{m}}=N_0$，调制带宽理论上趋于无限大。所以在 LiNbO$_3$ 中，需要提高微波速度以得到速度匹配，实现宽带调制。但是对光波和微波 LiNbO$_3$ 晶体表现出的折射率相差很大，这会导致速度失配，并且随着调制器长度的增加，累积相差会变大，带宽降低的幅度变大；若调制长度过短，需要高的驱动电压才能产生足够的调制深度，因此在设计行波电极时，必须综合考虑调制带宽和调制电压。除此之外，还必须考虑电极与负载的阻抗匹配及电极损耗对带宽和半波电压的影响，这些都要求设计合理的行波电极。

　　下面简要分析采用行波电极结构来获得高频调制和宽带调制的原理。行波电光调制器原理图如图 3-2-12 所示[23]，调制信号通过传输线以行波的形式加到晶体上，使得光波和电调制信号在晶体中以行波形式相互作用，这样可以克服集总调制器的某些固有缺陷，实现高调制频率、宽频带调制。

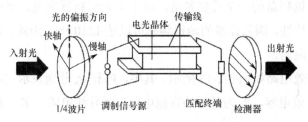

图 3-2-12　行波电光调制器原理图

设光波波前在 t_0 时刻，光波的波阵面在 $z=0$ 处，t 时刻光波的波阵面传播到 $z(t)$ 位置，则 $z(t)=v(t-t_0)$，v 为光波在电光晶体中的相速。若以 τ_d 表示光波在晶体中的渡越时间，则光波通过整块晶体产生的电光相位延迟应通过如下积分计算

$$\Gamma = a\frac{c}{n}\int_{t_0}^{t_0+\tau_\mathrm{d}} E(t,z)\mathrm{d}t \tag{3-2-22}$$

式中，$a=\omega n_0^3\gamma_{63}$ 为不随 t、z 而变化的常数，$E(t,z)$ 为行波调制电场，其数学形式为

$$E(t,z) = E_\mathrm{m}\exp[\mathrm{i}\omega_\mathrm{m}t - k_\mathrm{m}z] = E_\mathrm{m}\exp\{\mathrm{i}[\mathrm{i}\omega_\mathrm{m}t - \frac{\omega_\mathrm{m}}{v_\mathrm{m}}v(t-t_0)]\} \tag{3-2-23}$$

将式（3-2-23）代入式（3-2-22）完成积分，得

$$\Gamma = \Gamma_0\exp(\mathrm{i}\omega_\mathrm{m}t_0)\times\frac{\exp[\mathrm{i}\omega_\mathrm{m}(1-v/v_\mathrm{m})\tau_\mathrm{d}]-1}{\mathrm{i}\omega_\mathrm{m}(1-v/v_\mathrm{m})\tau_\mathrm{d}} \tag{3-2-24}$$

式中，v 和 v_m 分别为晶体中的光波和电光调制信号的相速，$\Gamma_0=a(c/n)E_\mathrm{m}\tau_\mathrm{d}$。后面的分式部分也是一个复量，它表示行波调制器相位延迟的衰变因子，其幅值为

$$|\gamma| = \left|\frac{\sin[\frac{1}{2}\omega_\mathrm{m}\tau_\mathrm{d}(1-v/v_\mathrm{m})]}{\frac{1}{2}\omega_\mathrm{m}\tau_\mathrm{d}(1-v/v_\mathrm{m})}\right| \tag{3-2-25}$$

当光波和电调制信号的相速趋于相等时，有 $\gamma\to1$，表明调制器的带宽将不受限制。当 v 和 v_m 不相等时，取 $|\gamma|=0.707$，可得 $\omega_\mathrm{m}\tau_\mathrm{d}|1-v/v_\mathrm{m}|=2.8$。相应地，可得最高调制频率为

$$(f_\mathrm{m})_{\max} = \frac{2.8c}{2\pi nl}\cdot\frac{1}{|1-v/v_\mathrm{m}|} \tag{3-2-26}$$

与集总调制器相比，最高调制频率提高为原来的 $1/|1-v/v_\mathrm{m}|$ 倍。将相速之比用折射率之比表示为

$$\frac{v}{v_\mathrm{m}} = \frac{c/n}{c/n_\mathrm{m}},\quad \Delta f = \frac{2.8c}{\pi l|n_\mathrm{m}-n_0|} \tag{3-2-27}$$

上述的折射率取决于晶体材料的色散性。

3.2.2.3　电光调制器的电学性能

1. 外电路对调制带宽的限制

调制带宽是电光调制器的一个重要参量，对于电光调制器来说，晶体的电光效应本身不会限制调制器的频率特性，因为晶格的谐振频率可以达 1210 Hz，因此，调制器的调制带宽主要受其外电路参数的限制。

电光调制器的等效电路如图 3-2-13 所示。其中，V_s 和 R_s 分别表示调制电压和调制电源内阻，C_0 为调制器的等效电容，R_0 为晶体的直流电阻。因导线电阻与 R_0、R_s 相比很小，所以通常忽略不计。

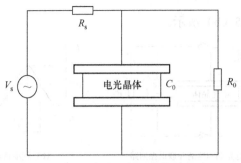

图 3-2-13　电光调制器的等效电路

由图可知，作用到晶体上的实际电压为

$$V = \frac{\dfrac{V_s}{(1/R_0) + j\omega C_0}}{R_s + \dfrac{1}{(1/R_0) + j\omega C_0}} = \frac{V_s}{R_s + R_0 + j\omega C_0 R_s R_0} \qquad (3\text{-}2\text{-}28)$$

在低频调制时，调制晶体的交流阻抗 $1/j\omega C_0$ 较大，一般 $R_0 \gg R_s$，因此信号电压可以有效地加到晶体上，即 $V \approx V_s$。在进行高频信号调制时，C_0 的影响不可忽略。传输系数 K 可以写成

$$K = \frac{|V|}{V_s} = \frac{R_0}{\sqrt{(R_0 + R_s)^2 + (\omega C_0 R_0 R_s)^2}} \qquad (3\text{-}2\text{-}29)$$

因 $R_0 \gg R_s$，故

$$\omega_0{}^2 = (LC_0)^{-1} \qquad (3\text{-}2\text{-}30)$$

电光调制器的频率特性如图 3-2-14 所示。可见，随着 ω 的增大，K 呈减小趋势。这种结构只适用于低频信号调制，调制频率不超过几兆赫兹。

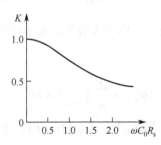

图 3-2-14　电光调制器的频率特性

为了满足高频信号调制的要求，可在电极两端并联一个电感 L，构成一个并联谐振回路，其谐振频率为 $\omega_0{}^2 = (LC_0)^{-1}$，另外再并联一个分流电阻 R_L，其等效电路如图 3-2-15（a）所示。图中 R_L 为 R_0 及电感中电阻的等效值，可解得

$$K' = \frac{|V|}{V_s} = \frac{1}{\sqrt{1 + R_s^2 \left(\omega C_0 - \dfrac{1}{\omega L}\right)^2}} \qquad (3\text{-}2\text{-}31)$$

其频率特性如图 3-2-15（b）所示。

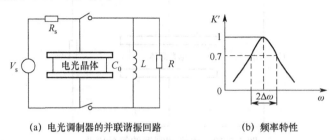

(a) 电光调制器的并联谐振回路　　　(b) 频率特性

图 3-2-15　高频电光调制器的等效电路和频率特性

由此可见，当调制频率 $\omega = \omega_0 = 1/\sqrt{LC_0}$ 时，回路发生谐振，$K'=1$。合理选择电感 L，可使调制频率达到较高的数值。但是，并联谐振回路的带宽为

$$2\Delta\omega = \omega\frac{1}{RC_0} \tag{3-2-32}$$

若 R 在几十到几百兆欧量级，而 C_0 在几皮法量级，则 Δf 只有几十千赫兹，这只能是窄带调制。因此，调制频率高和调制带宽大的要求是不能同时满足的，这是集总型调制器的主要缺点，采用行波调制可缓和这一矛盾。

2. 高频调制对渡越时间的影响

当调制频率极高时，在光波通过晶体的渡越时间内，电场可能发生较大的变化，即晶体中不同部位的调制电压不同，特别是当调制周期 T（$T=2\pi/\omega_m$）与渡越时间 τ_d（$\tau_d = NL/C$）可以相比拟时，光波在晶体中各部位所受到的调制电场的作用是不同的，因此，上述的相位延迟的积累受到破坏，这时总的相位延迟应由以下积分得出

$$\Delta\varphi(L) = \int_0^L aE(t')\mathrm{d}z \tag{3-2-33}$$

式中，$E'(t)$ 为瞬时电场，$a = \dfrac{2\pi}{\lambda}n_0^3\gamma_{63}$。由于光波通过晶体的时间为 τ_d，且 $\mathrm{d}z = C\mathrm{d}t/n$，因此式（3-2-33）可改写为

$$\Delta\varphi(t) = \frac{aC}{n}\int_{t-\tau_d}^t E(t')\mathrm{d}t' \tag{3-2-34}$$

设外加电场是单频正弦信号，即 $E(t') = A_0\exp(\mathrm{i}\omega_m t')$，于是

$$\begin{aligned}
\Delta\varphi(t) &= \frac{aC}{n}A_0\int_{t-\tau_d}^t \exp(\mathrm{i}\omega_m t')\mathrm{d}t' \\
&= \Delta\varphi[\frac{1-\exp(-\mathrm{i}\omega_m\tau_d)}{\mathrm{i}\omega_m\tau_d}]\exp(\mathrm{i}\omega_m t)
\end{aligned} \tag{3-2-35}$$

式中，$\Delta\varphi_0 = \dfrac{aC}{n}A_0\tau_d$ 且是当 $\omega_m\tau_d \ll 1$ 时的峰值相位延迟。因子 $\gamma = \dfrac{1-\exp(-\mathrm{i}\omega_m\tau_d)}{\mathrm{i}\omega_m\tau_d}$ 是表征渡越时间所引起的峰值相位延迟的减小，故称为高频相位延迟缩减因子。γ 和 $\omega_m\tau_d$ 的关系曲线如图 3-2-16 所示。

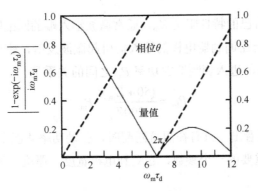

图 3-2-16　γ 和 $\omega_m\tau_d$ 的关系曲线

只有当 $\omega_m\tau_d \ll 1$，即 $\tau_d \ll T_m/2\pi$ 时，$\gamma = 1$，即无缩减作用。这说明光波在晶体内的渡越时间必须远小于调制信号的周期，才能使调制效果不受影响。这意味着对于电光调制器，存在一个最高调制频率的限制。例如，若取 $\gamma = 0.9$ 处为调制限度（对应 $\omega_m\tau_d = \pi/2$），则调制频率的上限为

$$f_m = \frac{\omega_m}{2\pi} = \frac{1}{4\tau_d} = \frac{C}{4nL} \tag{3-2-36}$$

3.2.2.4　电光调制器的性能参数

电光调制器的主要参数有半波电压、特性阻抗、调制带宽、调制深度（调制率）、透过率、消光比、插入损耗及品质因数等[24]，下面详细介绍各参数。

1. 半波电压 V_π

半波电压 V_π 是指调制器从关态到开态的驱动电压

$$V_\pi = \lambda G / n_0^3 \gamma_{33} \Gamma L \tag{3-2-37}$$

式中，λ 为自由空间光波长，G 为电极间隙，n_0 为光波有效折射率，L 为受调制的光路长度（电极长度），γ_{33} 是铌酸锂晶体的电光系数，Γ 为电场和光场之间重叠程度的系数（电场与光场的重叠部分），也称重叠积分因子。V_π 与 L、Γ 成反比，与 G 成正比。要获得低的半波电压，就要求有小的电极间隔和长的电板。

2. 特性阻抗 Z_m 与驱动功率 P_{dri}

特性阻抗定义为

$$Z_m = 1/c(1/CC_0)^{1/2} \tag{3-2-38}$$

式中，c 为真空中的光速，C 为电极每单位长度的电容，C_0 为用空气代替所有波导材料的电极每单位长度的电容。要获得好的特性阻抗，就要减小电极和波导材料的电容。

半波电压是调制器的重要指标，低的半波电压可以省去通信系统中微波驱动电路的设计，这会影响通信系统的搭建成本，但是半波电压并不能唯一地起决定性作用。调制器在微波系

统中是一个负载，它有自己的特性阻抗 Z_m，通常微波输入端的匹配阻抗是 50Ω，如果两者不相等，即阻抗不匹配，会在调制器电极的输入端引起微波反射，驱动功率并不能完全进入调制器。微波驱动功率 P_{dri} 与进入调制器的功率 P_{in} 之间的关系是

$$P_{dri} = \frac{(50 + Z_m)^2}{200 Z_m} P_{in} \tag{3-2-39}$$

从式（3-2-39）可以看出，只有在阻抗匹配时，驱动功率才能全部进入调制器。Z_m 也因此成为优化设计中至关重要的一个参数，它受到电极宽度、厚度、间距及波导位置的影响。

3. 调制带宽 Δf

强度调制的调制带宽反映了器件工作的频率范围，它的定义是调制深度 M 落到其最大值的 50%（3dB）时所对应的上、下频率之差 Δf。调制带宽是量度调制器所能使光载波携带信息容量的主要参数，行波电光调制器的调制带宽是由光波和调制波的匹配程度来确定的。行波调制器的带宽 Δf 可以表示为

$$\Delta f = \frac{1.4c}{\pi L (N_m - N_0)} \tag{3-2-40}$$

式中，L 为电光相互作用长度，N_0 为光波折射率，N_m 为微波折射率。当微波和光波速度相等时，$N_0 = N_m$，调制带宽理论上趋于无限大。

4. 调制深度 M 和调制率 x_m

调制深度 M 定义为

$$M = \frac{I_{min}}{I_{max}} = \frac{\frac{I_0}{2} - |\Delta I|}{\frac{I_0}{2} + |\Delta I|} \tag{3-2-41}$$

式中，I_{min} 和 I_{max} 分别是光强的最小值和最大值，$I_0/2$ 为平均光强，ΔI 为交变光强幅值。

调制率 x_m 定义为

$$x_m = \frac{I_{max} - I_{min}}{I_{max} + I_{min}} = \frac{1 - M}{1 + M} = \frac{2|\Delta I|}{I_0} \tag{3-2-42}$$

对线性调制，其调制率 x_m 也可表示为

$$x_m = \frac{V_{p\text{-}p}}{V_\pi} \times 100\% \tag{3-2-43}$$

式中，$V_{p\text{-}p}$ 为调制电压的峰-峰值，V_π 为调制器的半波电压。当调制率 $x_m < 75\%$ 时，调制器可以较好地工作在线性范围内。

5. 透过率

调制器的光输出 I_o 与光输入 I_i 之比称为透过率

$$I_o / I_i = \sin^2(\phi / 2) = \sin^2(\pi V / 2 V_\pi) \tag{3-2-44}$$

对于线性调制器，要求信号不失真，调制器的透过率与调制电压应有良好的线性关系。可是从式（3-2-44）来看，$\sin^2\left(\dfrac{\pi}{2}\dfrac{V}{V_\pi}\right)$ 在 $V=0$ 附近并不是一条直线，而在 $V=V_{\pi/2}$ 附近近似为一条直线，所以静态工作点一般选在 $V=V_{\pi/2}$ 处。

6. 消光比

消光比定义为

$$K = \frac{I_{\max}}{I_{\min}} \tag{3-2-45}$$

对数消光比 K_L 定义为

$$K_L = 10\lg\frac{I_{\max}}{I_{\min}} = 10\lg K \tag{3-2-46}$$

消光比是衡量电光开关性能的指标。显然 K（或 K_L）越大越好，即 K（或 K_L）越大，切断时通过的光越少，切开效果越好。

影响消光比的因素如下：

（1）光束发散角 δ_θ，K 与 δ_θ^4 成反比；

（2）晶体长度 L，$K \propto \dfrac{1}{L^2}$；

（3）其他因素，如偏振元件质量、晶体的光学均匀性、晶体端面加工的平面度和晶体夹持力等，都会影响电光开关的消光比。

7. 插入损耗

插入损耗是反映调制器插入光路所引起的光功率损耗程度的参数。对于外部调制器而言，必须保证器件的插入损耗最小，其定义为

$$L = \begin{cases} -10\lg(I_{\max}/I_{\text{in}}), & I_{\max} \geqslant I_{\text{in}} \\ -10\lg(I_{\text{in}}/I_{\max}), & I_{\text{in}} > I_{\max} \end{cases} \tag{3-2-47}$$

式中，$I_{\max}$ 是调制器工作时的最大输出光强，$I_{\min}$ 是输入到调制器的光强。

8. 品质因数

品质因数即驱动电压与电极长度的乘积（$V_\pi \cdot L$）。铌酸锂有很大的固有带宽，但种种物理制约限制了器件的速度。虽可通过感应电压诱导的变化进行调制，但所获得的折射率变化较小，因此为获得足够的调制，需要大的电压或电极长度。但大的电极长度有集总电容限制带宽的问题，即将带宽限制在 1GHz 以下。通过采用行波电极，可使电信号沿光波的同一方向传播，可获得较大的带宽。但这时，电和光传播常数间的失配及电极的电衰减又限制了带宽，所以要进行综合考虑。

3.3　光放大器

光放大器用来放大光信号。在此之前，传输信号的放大都是通过光电变换和电光变换来实现的，即 O/E/O 变换。有了光放大器后，就可直接实现光信号放大。光放大器的成功开发及其产业化是光纤通信技术的一个非常重要的成果，它大大地促进了光复用技术、光孤子通信及全光网络的发展。

随着光纤通信系统不断向高速宽带网络方向发展，人们对光纤通信提出了更高的要求，希望研制出超高速率[25]、超大容量[26]和超长距离传输的光通信系统。但光在光纤传输时，也会发生衰减。对石英光纤而言，衰减常数相当小，在 1550nm 波长附近的衰减系数 $\partial \approx 0.2 \text{dB/km}$，基于这个原因，如果光纤长度只有 1km 甚至更短，那么可以将光纤损耗忽略。但在长距离光纤通信系统中，因为传输距离可能超过几千千米，所以光纤损耗不可避免。当光信号沿光纤传播一定距离后，必须使用中继器对已衰减的光信号进行放大。为了延长传输距离，需增强注入光纤的光功率。为了提高接收机灵敏度，可在光信号进入接收机前进行放大。这些功能的实现都需要光放大器。

传统的中继放大是指在光信号传输过程中将光信号转换为电信号，对电信号进行再生、整形和定时处理，恢复信号的形状和幅度，然后转换回光信号并沿光纤线路继续传输。但这种光-电-光转换的中继器有很多缺点，如设备复杂，需要昂贵的脉冲限幅、重新定时、整形的电子器件、光探测器件和光发射器件，系统稳定性和可靠性不高，对多信道的通信系统而言，设备更复杂，费用更昂贵，而且电子线路 10Gb/s 的响应极限成为限制通信速率的"电子瓶颈"。因此，最理想的中继放大器是光-光直接放大，不需要经过光-电-光转换过程，这样光放大器应运而生。通常将光放大器分为半导体激光放大器和光纤放大器[27]，如图 3-3-1 所示。本节主要介绍常用的三款光放大器：半导体激光放大器、掺铒光纤放大器和拉曼光纤放大器中的后两种。

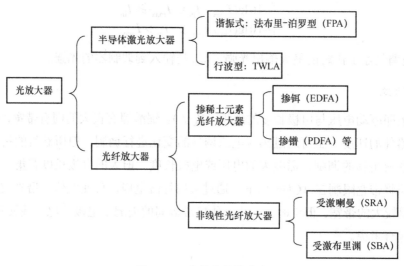

图 3-3-1　光放大器的分类

3.3.1　掺铒光纤放大器

掺铒光纤放大器（Erbium-Doped Fiber Amplifier，EDFA，即在信号通过的纤芯中掺入了铒离子 Er^{3+} 的光信号放大器）是 1985 年英国南安普顿大学首先研制成功的光放大器，它是光纤通信中最伟大的发明之一。掺铒光纤是在石英光纤中掺入了少量的稀土元素铒（Er）离子后的光纤，它是掺铒光纤放大器的核心。从 20 世纪 80 年代后期开始，掺铒光纤放大器的研究工作不断取得重大的突破。WDM 技术极大地增大了光纤通信的容量，使之成为当前光纤通信中应用最广的光放大器件之一。

3.3.1.1　EDFA 的基本原理

1. 铒离子的能级结构

作为 EDFA 能够放大的基础，掺铒光纤（EDF）在整个系统中扮演了十分重要的角色[28]。EDF 一般以石英材料为基质，主要成分为 SiO_2，并在其中掺入了镧系（IIIB 族）11 号元素铒。镧系元素的价层电子构型多为 $4f^x6s^2$，最外层电子和次外层电子基本相同，只有 $4f$ 层有所差异，因此其性质也多有相似之处，光学吸收和发射所引发的跃迁多分布于附近。除铒元素之外，用于放大器掺杂的元素还有 59 号元素镨（Pr）、60 号元素钕（Pd）、69 号元素铥（Tm）、70 号元素镱（Yb）等。掺铒光纤之所以能够实现光放大，是因为铒元素及其性质在其中起到了至关重要的作用。铒离子的能级结构如图 3-3-2 所示。

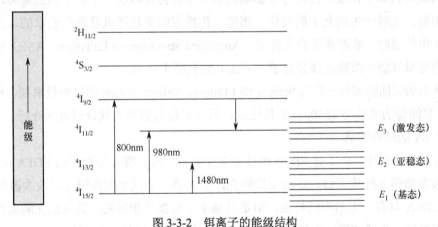

图 3-3-2　铒离子的能级结构

铒是一个典型的三能级系统，其工作过程可以划分为三个主要部分，如图 3-3-3 所示。

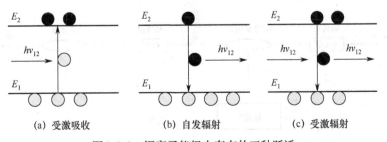

(a) 受激吸收　　　　　　(b) 自发辐射　　　　　　(c) 受激辐射

图 3-3-3　铒离子能级中存在的三种跃迁

E_1 能级代表基态，在该状态下铒离子是稳定的，能量最低。E_3 代表激发态，在此状态下，铒离子能量较高，非常不稳定，容易通过各种方式跃迁到低能级。E_2 代表亚稳态，是 E_3 和 E_1 的中间能级，铒离子在 E_2 能级上的寿命要远远大于在 E_3 能级上的寿命，在泵浦源能量输送下，大量的铒离子在 E_2 能级上堆叠，继而可实现粒子数反转，为受激辐射创造条件。

2. 粒子数反转过程

铒的能级结构是一个典型的三能级系统，其工作过程可简单地概括为：处在基态 $^4I_{15/2}$ 上的铒离子吸收泵浦光的能量后跃迁到更高的能级，当此时有满足一定波长条件的光入射时，该铒离子释放同样的光子并回到基态，实现了光的放大。基态粒子跃迁后达到的能级由光子能量的大小决定，能量越高，越容易跃迁到更高能级。通常可使用的波长有 800nm、980nm、1480nm 等，以使用 980nm 波长的泵浦源为例，铒离子吸收泵浦源的光能量，从基态 $^4I_{15/2}$ 跃迁到 $^4I_{11/2}$，这就是受激吸收过程。离子在 $^4I_{11/2}$ 激发态上的寿命非常短，很快通过非辐射方式弛豫到 $^4I_{13/2}$ 上，该能级为亚稳态，离子在该位置能够存在相对较长的时间，因此可以作为一个接收并暂存离子的平台。在泵浦光的不断作用下，该平台上暂存的离子数目会持续增多，而基态上的铒离子在不断减少，即实现了粒子数反转。此时，如果有波长满足辐射条件的光束入射，就会激发出一个与入射光波长、相位、传播方向等完全相同的光子，同时一个亚稳态上的粒子回到基态，该过程即为受激辐射。除受到激发的铒离子释放光子并回到基态外，还有部分高能级铒离子在没有任何外界影响的情况下会自发释放一个光子回到基态，这个过程为自发辐射，此时产生的光子的波长、相位、传播方向等是随机且杂乱无章的。当这部分光子在光纤中传播时，就形成了自发辐射（Amplified Spontaneous Emission，ASE）噪声。通常来讲，应尽量减弱和消除这部分光子，不使其在光纤中传播。

目前通用的泵浦源波长一般为 980nm 和 1480nm，980nm 泵浦源的泵浦效率高、增益大，而 1480nm 泵浦源的波长与 1550nm 波长接近，所以更易与信号光耦合后进入光纤。

1）EDFA 的结构组成

在实际工程应用中，由于对 EDFA 的要求各不相同，因此有多种类型的 EDFA 可供选择，例如，C 波段掺铒光纤放大器、L 波段掺铒光纤放大器、增益平坦掺铒光纤放大器等[29]。不同类型的 EDFA 具有一定的不同特点，但是其基本结构都是相同的，其包括光隔离器、光耦合器、掺铒光纤、光滤波器、泵浦设备等。EDFA 结构简图如图 3-3-4 所示。

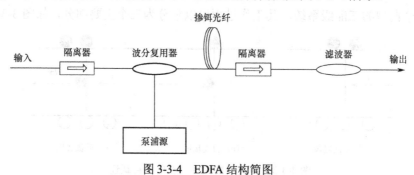

图 3-3-4　EDFA 结构简图

信号光进入系统后，首先经过隔离器以保证单向性，而后进入掺铒光纤中，同时由泵浦源发出的泵浦光进入 EDF，使铒离子产生受激吸收，进而被信号光激发产生受激辐射，从而实现光的功率放大。整个系统的核心是掺铒光纤和泵浦系统。

2）EDFA 各部分的作用

（1）光隔离器

光隔离器的主要作用是减弱和抑制光路中无用的光反射，以防形成不必要的反馈从而干扰光信号和增加噪声，其可保持光的单向传播。在输入端部分的光隔离器用来防止自发辐射反向传播，在输出端部分的隔离器则可以隔绝下半段光路中的信号逆向传播产生的干扰。光隔离器需要尽量选用隔离度大和插入损耗低的器件，大隔离度可以完美保证光单向传播，低插入损耗可以降低不必要的光损失。

光隔离器有不同的类型，根据其偏振特性，可以进行类型划分。依靠偏振实现单向性的是偏振相关型光隔离器，如图 3-3-5 所示，其核心结构是两个起偏器和一个旋转器。当光线正向传播时，通过起偏器与旋转器之后成为一束线偏振光，该光束的偏振方向与第二个起偏器相同，因此能够通过。而当该束光被反射从而反向传播通过该光路时，由于旋转器的旋转方向不变，因此会导致反向通过其的光束偏振方向与第一个起偏器方向垂直，自然无法通过，因而形成单向性。另一种类型的光隔离器主要是依靠晶体对光路的偏折实现单向性的，其核心结构是双折射晶体，其原理与渥式棱镜相近。正向光路与反向光路的出射角度的差别较大，从而形成隔离。

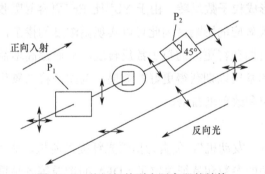

图 3-3-5　偏振相关型光隔离器的结构

（2）波分复用器

波分复用器的主要功能是将信号光和泵浦光耦合在一起并使之进入光纤中传播。在实际使用中，人们希望该器件在将两个信号进行有效耦合的同时，还具有较小的信号损耗和插入损耗。波分复用器按照结构和工作原理的不同，可以分为角色散型和平面波导型等类型。角色散型波分复用器利用光学元件实现角色散从而分离不同波长的信号光，在实际应用中多以透镜和衍射光栅的组合来达到分离和组合的效果。另一类波分复用器则利用各个不同波导制造光学长度差异，使得与波长相关的参量（相位延迟）产生差异，因而不同波长的相位差在某个光纤上会被凸显，从而达到分离与组合的效果，如图 3-3-6 所示。在目前的各类工程项目中，综合考虑性价比和实用性，人们一般选择介质膜型波分复用器或熔锥型波分复用器。

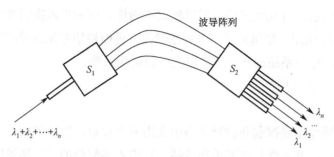

图 3-3-6　另一类波分复用器

（3）掺铒光纤

掺铒光纤是 EDFA 中的重要结构，它既是传输介质，又是工作物质，其特性在很大程度上决定了整个 EDFA 的放大能力。对于掺铒光纤来说，其工艺决定了其性质。在选择掺铒光纤时，通常必须考虑的几个重要参数有数值孔径、掺杂半径、掺杂浓度等。数值孔径较大，可以保证更好的传输特性，较高的掺杂浓度可以有效地提高单位长度的增益。但是对于掺铒光纤来说，掺杂浓度不能无限制地提高，因为存在浓度淬灭效应，当浓度超过一定界限时，性能反而下降，因此具体的掺杂浓度需要根据实际情况来界定。由于纯铒纤构成的 EDFA 存在增益平坦问题，因此可以通过对铒纤部分掺杂其他元素来改善铒纤的增益特性：在铒纤中掺入适当的铝，可以有效改善带宽并增大 1540nm 时的增益；在铒纤中加入镱元素，能构成铒镱共掺光纤，在受激吸收的过程中，Yb^{3+} 先吸收泵浦光能量，然后 Yb^{3+} 激发态通过无辐射跃迁到了 Er^{3+} 激发态，形成粒子数反转。由于 Yb^{3+} 比 Er^{3+} 更容易吸收光子能量且能吸收的波段较宽，也不受浓度淬灭效应的影响，因此可以实现高浓度的掺杂，这样就能有效地提高光纤中的稀土离子浓度，进而获得更高的粒子数反转度，从而提高增益。除了改变掺杂物这一方式，还可以改变光纤的基质以期获得更好的效果，例如，将二氧化硅基质改变为氟化物基质，能够有效地降低噪声和改善增益谱。

（4）泵浦源

泵浦源作为 EDFA 的"发动机"，负责为掺铒光纤提供能量，是产生粒子数反转和受激吸收的关键。与泵浦源有关的参数和特征决定了 EDFA 的增益等各种重要参数，泵浦源所处位置的不同还会影响 EDFA 中增益和噪声的大小。根据放置位置的不同，泵浦源一般可以分为前向泵浦、后向泵浦和双向泵浦。

通常实验室所用的 EDFA 采用 InGaAsP 半导体激光器作为泵浦源，对于泵浦源，一般希望它足够稳定并且能够工作足够长的时间。在波长选择上，一般选择 980nm 和 1480nm 的光源，因为这几种波长的光源产生的光子更易被铒离子吸收，从而产生受激吸收并跃迁到高能级。虽然 820nm 波长的泵浦源也可以产生受激吸收，但是相对于 980nm 波长和 1480nm 波长的泵浦源来说，它的泵浦吸收截面小于后两者，泵浦效率较低。同时，对于 980nm 波长和 1480nm 波长的泵浦源来说，前者具有更大的放大器增益，后者具有更高的泵浦效率从而更易得到较高的输出功率。在实际应用中，可以将两者结合起来，分别作为前向泵浦、后向泵浦使用，具体情况中可根据实际用途和要求而定。

3.3.1.2 EDFA 的泵浦方式

当前常见的掺铒光纤放大器通常有三种泵浦方式，分别为前向泵浦、后向泵浦和双向泵浦，三种不同的泵浦方式具有不同的增益特性、噪声特性等，所以使用环境也各不相同[30][31]。

（1）前向泵浦

前向泵浦也叫同向泵浦，即泵浦源和波分复用器位于掺铒光纤（EDF）的前部，泵浦光和信号光沿同一方向进行传输，如图 3-3-7 所示。

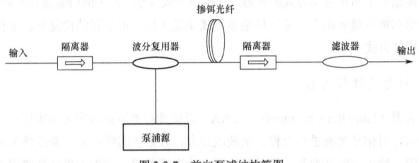

图 3-3-7　前向泵浦结构简图

前向泵浦结构简单，泵浦源位于整个系统的前部，使得信号光进入 EDF 时能立即得到较大的增益，且噪声系数非常低。在实际应用中，通常选择前向泵浦这一方式。

（2）后向泵浦

后向泵浦也叫反向泵浦，与前向泵浦相对，后向泵浦的泵浦源和波分复用器位于掺铒光纤（EDF）的后部，泵浦光和信号光从相反的方向一前一后进行传输，如图 3-3-8 所示。

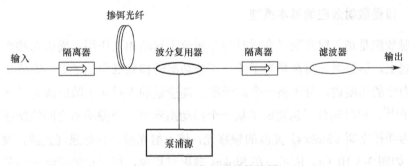

图 3-3-8　后向泵浦结构简图

由于泵浦光从掺铒光纤（EDF）的后部进入，即光纤后部的粒子数反转较前部的比例更大，而信号光沿光纤传播，经放大后也越来越强，两者的变化趋势相符，因此该种泵浦方式可以获得较大的增益和输出功率，但是该种情况下的噪声相应也变得非常大。

（3）双向泵浦

双向泵浦是把前向泵浦和后向泵浦结合在一起使用的泵浦方式，双向泵浦拥有两个泵浦源，因此能够充分地激发掺铒光纤中的铒离子，使其跃迁达到粒子数反转，如图 3-3-9 所示。

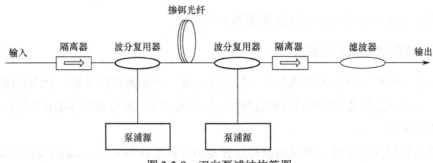

图 3-3-9　双向泵浦结构简图

双向泵浦结合了两种泵浦方式的优点，其噪声系数较小，介于前向泵浦和后向泵浦之间，同时输出功率和增益显著增大，是三种泵浦方式中最大的。但是其结构复杂、器件较多，因此一般不采用此方式。

3.3.2　拉曼光纤放大器

拉曼放大器（Fiber Raman Amplifier，FRA）以受激拉曼散射效应为基本原理，以系统光纤为放大介质，对信号光波进行全程、全波段放大，且系统因噪声低、非线性失真小、增益带宽几乎无限、输出功率高饱和、相对其他系统构造简单等，成为密集波分复用系统广泛使用的理想技术，是近二十年通信研究课题的热点。随着拉曼光纤放大技术的发展，到目前为止，该技术已被大量应用到光纤传输系统中，尤其是对于远距离传输的光纤干线网络、海底光缆等超长距离的光纤传输系统。同时其具有可对通信系统内的全波段进行放大的特性，使其可以在光纤的低损耗区内工作，在很大程度上提高了频谱利用率，优化了系统的传输速率，扩展了系统的容量。

3.3.2.1　拉曼散射效应的基本原理

拉曼散射效应是指入射光通过介质时与介质分子运动相互作用，而引起频率变化的散射现象。在宏观上，该散射是将高频光子的一部分功率转移到低频光子上，完成功率转移的过程；从量子力学的角度讲，分子将一个高频率、高能量的入射光子散射成为另一个能量较低的低频率光子[32]，同时该分子也完成了从一个振动态到另一个振动态之间的跃迁。产生的低频光子被称为斯托克斯（Stokes）光波的频移光，该入射光被认为是泵浦光波，设该入射光的能量为 hv_n，如图 3-3-10（a）所示。在 Stokes 散射过程中，居于初始能级 a 的分子在吸收一个入射光子的能量后跃迁至高的虚能级 c，但由于该分子在虚能级上不稳定，经过大约亚皮秒后辐射出一个光子，该光子被称为 Stokes 频移光子，原始分子也因此而下移至中间能级，散射的过程如图 3-3-10（b）所示，处于中间能级的分子达到激发态，受到一个入射光子的激发使其跃迁至虚能级 d 处，同样分子在该虚能级不稳定，过大约亚皮秒后分子散射出一个 anti-Stokes 光子，同时该光子从能级跃迁至初始态。hv_n 是 Stokes 光子的能量，hv_{as} 是 anti-Stokes 光子的能量，是能级 b 与能级 a 之间的能级差，也是能级 d 与能级 c 之间的能级差。由能量守恒定律可知，Stokes 散射光与 anti-Stokes 散射光的频率是以入射光的频率中心对称的[32]。

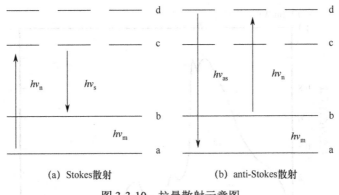

(a) Stokes散射　　　　　　　　　　(b) anti-Stokes散射

图 3-3-10　拉曼散射示意图

一般情况下，拉曼散射效应可分为两类：受激拉曼散射（Stimulated Raman Scattering）效应和自发拉曼散射（Spontaneous Raman Scattering）效应。受激拉曼散射效应是强激光与介质之间相互作用，而所产生的受激声子与入射光的散射效应；后者是热振动声子与入射光的自发散射效应。

自发拉曼散射效应得到的是非相干的散射光子，其原因是其散射粒子是无规则运动的。与自发拉曼散射效应的情况不同，受激拉曼散射效应是入射的相干光子与一个粒子碰撞，而这个粒子的运动是无规则的，此时产生了一个受激态的粒子、一个 Stokes 光子和一个 anti-Stokes 光子。Stokes 光子和 anti-Stokes 光子被当作入射光子，与该受激态的粒子继续碰撞，入射光子产生一个受激态的粒子、另一个 Stokes 光子和一个 anti-Stokes 光子。新产生的受激态的粒子又和这组新的光子发生碰撞，这个过程不断持续下去，形成受激态粒子雪崩及 Stokes 散射光子和产生的过程。由于 anti-Stokes 光子的光强度与温度有关，且在温度较低的情况下几乎消失，所以一般在光子拉曼研究中会被忽略，因此整个过程被视为对 Stokes 光子频率受激放大的过程[33]。

3.3.2.2　拉曼散射效应的阈值

在入射光强度很小的情况下，介质的拉曼散射效应非常微弱，得到的散射光强度会很低，甚至难以被发现，但是用强激光源作为入射光时，会激发出非常明显的 SRS 效应，也会产生强度较高的散射光[34]。且有实验表明，当入射光强度超过一定值时，可以看到 SRS 散射光强急剧增大，呈现受到激发产生辐射的特性，而自发拉曼散射效应不具有该特性[35]。可以理解为当入射光强度超过一定的门限值时，SRS 效应才"出现"，在光纤通信中表现为光信号在传输过程中产生的非线性效应，即功率由短波长信道向长波长信道转移。

在分析和研究信号间功率转移的多少时，就必须涉及光纤的拉曼增益谱。在不同的介质中，拉曼增益谱的差别极大，这也是在选择光纤时需要考虑的问题。在石英光纤中掺杂不同的元素会直接影响增益谱的变化，因此拉曼增益谱成为早期光纤研究方面的重点。通过实验，R H Stolen 得到了泵浦波长为 $1\mu m$ 时石英光纤中的拉曼增益谱系数[36]，如图 3-3-11 所示。

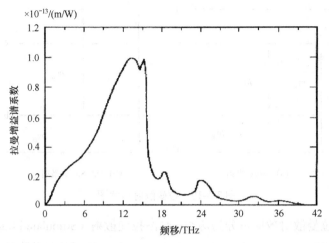

图 3-3-11　泵浦波长 $\lambda_p=1\mu m$ 的石英光纤的拉曼增益谱系数曲线

由图 3-3-11 可知，当泵浦信号频移在 13THz 附近时，SRS 的增益谱系数达到峰值。设光纤中的泵浦频率和信号频率分别为 ν_p 和 ν_s，此时只要 $\nu_p-\nu_s$ 满足小于 40THz，该信号就会因受到 SRS 效应而被泵浦放大。与此同时，为了得到其他波长泵浦的 SRS 增益谱系数曲线，前人通过测量和计算，总结出了拉曼增益谱系数 $g_R(\lambda_p)$ 的规律[36]

$$g_R(\lambda_p) = \frac{g_R(1\mu m)}{\lambda_p} \tag{3-3-1}$$

$g_R(\lambda_p)$ 代表的是泵浦波长为 λ_p 时的拉曼增益谱系数，其中 $g_R(1\mu m)$ 表示泵浦波长 $1\mu m$ 时的增益系数，变化如图 3-3-11 所示，此时 λ_p 处于 μm 量级，量纲为 1。

为了研究 SRS 效应产生的门限，可以假设传输信号是连续波或准连续波，在不考虑自发辐射噪声的情况下，有拉曼耦合方程[37]

$$\frac{dP_p}{dz} = a_p P_p - C_R \cdot \frac{\nu_p}{\nu_s} P_p P_s \tag{3-3-2a}$$

$$\frac{dP_s}{dz} = -a_s P_s + C_R P_p P_s \tag{3-3-2b}$$

式中，z 是信号和泵浦在光纤中的传输距离，P_p、P_s 分别是在 z 处的泵浦功率和信号光功率，a_p 和 a_s 分别是对应的泵浦与信号光的光纤损耗，$C_R = \dfrac{g_R(\nu_p,\nu_s)}{\rho A_{eff}}$ 是光纤中泵浦与信号的有效拉曼增益谱系数，$g_R(\nu_p,\nu_s)$ 是光纤中泵浦与信号的拉曼增益谱系数，可由式（3-3-1）计算得到。ρ 为泵浦光与信号光之间的偏振系数，A_{eff} 为光纤的有效横截面积，这里忽略高阶信号光波的影响。

式（3-3-2a）是泵浦光传输方程，等号右边的第一项是光纤损耗带来的功率损失，第二项是效应导致的泵浦功率减小的部分。同样，式（3-3-2b）等号右边的第一项是光纤传输损耗导致的信号光功率损失，第二项是因 SRS 效应从泵浦光得到的功率。在小信号的情况下，泵浦功率远大于信号光功率，此时相对于光纤损耗而言，可以忽略 SRS 效应对泵浦功率的影响，对式（3-3-2a）忽略等号右边的第二项。设泵浦和信号光的初始功率分别为 P_{p0}、P_{s0}，此时对

式（3-3-2b）进行积分求解，得到信号在传输至光纤中 L 处的功率为

$$P_s(L) = P_{s0} \exp(C_R P_{P0} L_{eff} - a_s L) \tag{3-3-3}$$

式中，$L_{eff} = [1 - \exp(-a_p L)]/a_p$ 是泵浦对于实际光纤 L 的有效长度，其大小与泵浦的光纤损耗 a_p 有关，且当 $a_p L = 1$ 时，可以近似取 $L_{eff} \approx 1/a_p$。

一般情况下，拉曼门限值定义为在光纤的输出端信号与泵浦功率相等条件下的泵浦输入功率[8]，或者是 $P_s(L) = P_p(L) = P_{P0} \exp(-a_p L)$ 条件下的泵浦输入功率，即门限值为

$$P_{P0} = P_{s0} \exp(C_R P_{P0} L_{eff}) = P_{s0} \exp(\frac{g_R(v_p, v_s) P_{P0} L_{eff}}{p A_{eff}}) \tag{3-3-4}$$

由式（3-3-4）可知，泵浦功率的 SRS 效应门限值与放大器系统的泵浦光与信号光之间的偏振系数 ρ、拉曼增益谱系数 $g_R(v_p, v_s)$、信号初始功率 P_{s0}、光纤的有效横截面积 A_{eff}、光纤的有效传输距离 L_{eff} 有关。

3.4　光电探测器

在光电子系统中，最关键、最重要的部件是它的"眼睛"——光电探测器。人的眼睛就是一种光探测器，它非常灵敏，但也有不足之处：一是它的光谱响应范围为 $0.4 \sim 0.76\mu m$（这一范围就是通常所说的可见光），对于波长小于 $0.4\mu m$ 的紫外光和波长大于 $0.76\mu m$ 的红外光一般不能响应；二是眼睛有"视觉暂留"现象，对于"高重复频率"信号不能分辩，例如，电影每秒有 48 幅图像，电视每秒有 50 幅图像，此时，人眼就无法分辨出一幅一幅的图像，而是将它们"平滑滤波"连成一片，产生连续活动的图像；三是眼睛不能记忆、存储、输出、显示记录的图像，在这些方面它不及光电探测器。

光电探测器种类繁多，不胜枚举。原则上讲，只要受到光的照射后其物理性质会发生变化的任何材料都可用来制作光电探测器。根据器件对辐射响应方式的不同，光电探测器可分为两大类：一类是光子探测器；另一类是热探测器。现在广泛使用的光电探测器是利用光电效应工作的。按照具体的工作机理，光子探测器又可以分为光电导探测器、光敏电阻、雪崩光电二极管、光电二极管、光电发射探测器、光电管等；热探测器可以分为热敏电阻、热电偶等。本书主要介绍光子探测器中的光电二极管、雪崩光电二极管。

3.4.1　光电效应

光电流产生的主要机制是在电场的作用下，光照产生电子–空穴对的分离。包括光导效应（Photoconductive Effect，PCE）和光伏效应（Photovoltaic Effect，PVE）。基于光子器件的特点：其一是响应波长具有选择性，一般有截止波长，超过该波长器件无响应；其二是光响应快，吸收辐射产生信号需要的时间短，一般为几纳秒到几百微秒。另外一种就是基于热效应驱动的光电流，包含光热电效应（Photothermoelectric Effect，PTE）和辐射热效应（Bolometic Effect，BE）。基于热效应的光探测器的特点是对光波频率没有选择性，响应速度一般比较慢。在红外波段上，材料的吸收率高，光热效应也更强烈，所以可广泛用于对红外线辐射的探测。

3.4.1.1 光导效应

半导体材料吸收了光子的能量产生电子–空穴对，从而改变了物质电导率的现象称为材料的光导效应。在无光照射的情况下，半导体材料内部的载流子在外加电压的驱动下形成的较小电流，称为暗电流。当光照射后光子能量大于半导体材料的带隙宽度，材料吸收光子产生电子–空穴对，新产生的电子和空穴在电场的作用下向相反的方向运动，导致电流增大，增大的这部分电流称为光电流。

光栅压效应（Photogating Effect）是光导效应的一种特例，材料吸收光子后产生电子–空穴对。电子和空穴中的某一种被局域态俘获住，这是局域态回带电。带电的局域态具有类似浴栅极电压的作用，可以调节材料的载流子浓度，从而影响材料的电导。这种现象普遍存在于二维材料光电探测器和二维材料异质结光电探测器中。对于大部分二维材料，由于表面态和缺陷等局域态的存在是不可避免的，因此光栅压效应常常主导二维材料光电探测器的光电响应机制。一般载流子被局域态俘获后，退俘获过程是一个较慢的过程。一方面它可大大延长光生载流子的寿命，实现高增益，从而能够获得很高的光响应率；另一方面，由于退俘获过程比较慢，相对探测器的响应时间会比较长，在二维材料中的量级甚至更大。另外，由于缺陷态数目有限，一般对于光栅压效应主导的光电响应机制的二维材料器件，光响应率会随入射光功率的增大而降低。光电流与照射光功率的关系可表示为

$$I_{\mathrm{ph}} = q\eta(\frac{\tau_{\mathrm{L}}}{\tau_{\mathrm{T}}})\frac{F}{1+F/F_0} \qquad (3\text{-}4\text{-}1)$$

式中，η 为材料对光的吸收效率，F 为光子吸收率，F_0 为俘获态饱和时的光子吸收率[41-42]。高的光导增益说明载流子已经渡越完毕，但载流子的平均寿命还未中止，即光生载流子的寿命远大于载流子的渡越时间。这种现象可以这样理解：光生电子向正极运动，空穴向负极运动，空穴的移动可能被由晶体缺陷和杂质所形成的俘获中心——陷阱所俘获。因此，当电子到达正极消失时，被陷阱俘获的正电中心（空穴）仍留在体内，它会将负电极的电子感应到半导体中来，被诱导进来的电子又在电场中运动到正极，如此循环，直到正电中心消失。这就相当放大了初始的光生电流。选用平均寿命长、迁移率大的半导体材料，减小电极间距离，加大偏置电压都能提高光导增益。

3.4.1.2 光伏效应

当光照射在两种不同导电类型的半导体形成的 P-N 结上，或者半导体与金属形成的肖脱基势垒时，只要入射光子的能量大于材料禁带宽度，就会在半导体内产生电子–空穴对。这些非平衡载流子在内建电场的作用下运动。在开路状态，最后在 N 区边界积累光生电子，在 P 区积累光生空穴，产生了一个与内建电场方向相反的光生电场，即 P 区和 N 区之间产生了光生电压 V_{oc}，这就是所说的光伏效应。在闭路的条件下，在无光照时，器件的 $I\text{-}V$ 曲线具有非线性的整流特性。在 P-N 结中，电子向 P 区扩散，空穴向 N 区扩散，使得 P 区带负电，N 区带正电，形成由不能移动的离子所组成的空间电荷区（也称为耗尽区），同时在耗尽层建立内建电场，使少子漂移，并阻止电子和空穴继续扩散，达到平衡。在热平衡下，P-N 结中的漂

移电流等于扩散电流，净电流为零。在有外加电压时，结内平衡被破坏，这时流过 P-N 结的电流可表示为

$$I_{ds} = I_0(\exp(eV_{ds}/k_BT) - 1) \tag{3-4-2}$$

在光照情况下，施加反向偏置电压使反向电流增大的原因是光生载流子被内建电场分离。额外的正偏置电压需要用来补偿光照引起的反向光电流，这也证实了光照下具有非零的开路电压。相比于光导效应，光伏效应可用来将光能转化为电能，太阳能电池基于的就是 P-N 结的光伏效应。基于 P-N 结的光电探测器可以工作在零偏置电压下，即光伏模式；也可以工作在偏置电压下，即光导模式。在光伏模式下具有很小的暗电流，可以用来提高探测率和灵敏度，但是响应率不如光导模式下的响应率高，这是因为在偏置电压下存在增益。工作在反向偏置电压模式下可以减小结电容、提高响应速度。在大的方向偏置电压下，如强电场可以实现载流子的倍增，可以实现雪崩光探测。

3.4.1.3　光热电效应

光热电效应的工作原理是：在探测器吸收光辐射能量后，并不直接引起内部电子状态的改变，而是把吸收的光能转化为晶格或电子的热运动能量，引起探测元件的温度上升，从而使探测元件的电学性质发生改变。当半导体材料的吸收能量大于带隙的光子能量时，多余的能量以声子的形式释放出来，会对半导体实现加热。在局部光照的情况下或全局光照的情况下，半导体不同区域对光的吸收有较大差别，从而会产生温度梯度 ΔT 的现象[41,42]。在局部光照的情况下，照射光斑在聚焦后的尺寸小于器件的面积。根据塞贝克效应，湿度梯度被转化为电势差 $\Delta V = (S_2 - S_1)\Delta T$，其中 S 为材料的热电系数（塞贝克系数），单位为 VK^{-1}。材料的热电系数与材料的电导有关，通过 Mott 关系可以表示为

$$S = -\frac{\pi^2 k_B^2 T}{3e}\frac{1}{\sigma}\frac{\partial \sigma}{\partial \varepsilon} \tag{3-4-3}$$

式中，ε 为以费米能级为参考点的能量[43-45]。热电系数由主要的载流子类型决定。通过光热电效应，温度梯度能够产生电势差。基于热电效应的器件能够在零偏置电压下工作。温度梯度可以用有限元方法来模拟，也可以用微区温度计测量温度差。在知道湿度差后，可以通过测试热电势来测试材料的热电系数。热电势比较小，一般为几十微伏到几毫伏。因此，基于热电响应的光电探测器件需要很好的欧姆接触。

3.4.1.4　光辐射热效应

光辐射热效应（Photobolometric Effect，PBE）的原理是：当材料吸收光辐射而温度升高时，材料的电导会改变，如金属电阻增大、半导体材料的电阻会减小。根据材料电阻的变化可测定被吸收的光辐射功率。热辐射计就是通过材料吸收电磁波辐射功率 dP 而读出温度增大量 dT 的一种设备。热辐射计主要用半导体和超导等吸收很好的材料做成，并广泛用于中波红外波段和太赫兹波段。光辐射热效应的大小正比于材料电导随温度的变化（dG/dT）和光照所引起的温度的均匀增加量 dT。基于光辐射热的探测器常常使用四电极来更精确地测量材料电导的变化。光辐射热的一个重要的参数是热阻，其定义为 $R_h = dT/dP$，用来衡量热辐射计的灵

敏度。同时，热容 C_h 决定响应时间 $\tau=R_hC_h$[46]。在石墨烯光辐射热探测器方面有一些重要的进展，归因于石墨烯内有大量的热电子存在，没有合适的声子可使得热载流子温度降低。辐射热效应只与材料的电导随温度的变化有关，在外部偏置电压和光照下，其只能改变电流的大小，不能改变电流的方向。光辐射热效应与光热电效应的主要差别主要在于：其一，光辐射热不能驱动电流，也就是说光辐射热不能在零偏置电压下工作，而光热电效应能够在零偏置电压下工作；其二，光电流的方向也不一样。对于光热电效应，光电流的方向与两种材料的热电系数差有关；对于光辐射热效应，光电流的符号只与材料的电导随温度的变化有关。从器件的工作原理的差别来看，光热电效应需要在结两端具有温度差，光辐射热效应工作在均匀温度，但是必须有外部偏置电压。

3.4.2　光电探测器的工作原理

3.4.2.1　光电二极管

1. 原理

光电效应可以分为内光电效应和外光电效应，内光电效应又可以分为光电导效应和光生伏特效应。光电二极管就是利用了光生伏特效应。当光辐射照射在半导体结上时，电子吸收光子并激发到导带，形成光生电子–空穴对，光生电子–空穴对在自建电场的作用下被分别扫向两端，形成光生电动势，即光生伏特效应。

光电二极管的基本结构是一个 P-N 结，当 P 区和 N 区形成结时，N 区的电子向 P 区扩散，在 N 区留下正离子电荷。同样地，P 区的空穴向 N 区扩散，在 P 区留下负离子电荷。于是 N 区带有正电荷，P 区带有负电荷，形成由 N 区指向 P 区的内建电场。当有光照时，如果光子的能量大于或等于半导体的禁带宽度，那么光子就能将价带上的电子激发到导带上，从而在导带上出现一个电子，在价带上出现一个空穴，即光生电子–空穴对。电子在内建电场的作用下漂移到 N 区，形成由 N 区到 P 区的电流；空穴在内建电场的作用下漂移到 P 区，形成由 N 区到 P 区的电流。在 N 区形成空穴积累，在 P 区形成电子积累，从而形成光生电动势。光电二极管的工作原理如图 3-4-1 所示。

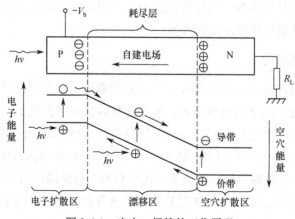

图 3-4-1　光电二极管的工作原理

2. 应用改进措施

光生电子和空穴在自建电场内漂移得很快，但是，如果光生电子–空穴对在耗尽层外部产生，那么由于耗尽层外部不存在自建电场，因此电子和空穴只能很慢地扩散，这会影响探测器的响应速度。所以在实际的应用中，要将光电二极管反向偏置，将 P-N 结两侧的势垒加大，以使耗尽层宽度进一步加大，从而使更多的光生载流子在耗尽层内产生。同时也减小了二极管的结电容，提高了灵敏度和响应速度。光电二极管的响应时间取决于光生载流子扩散到耗尽层的时间和结电容，限制了光电二极管在高速通信系统中的应用。为提高响应速度，通常在 P 区和 N 区之间形成一个本征区，构成 PIN 光电二极管。

P 区的存在使耗尽层加宽，增大了光电转换的有效工作区域，提高了器件灵敏度。N 区的存在使击穿电压不再受基体材料的限制，用低电阻基体材料就可取得高的反向击穿电压，而器件的串联电阻可大大减小，这使得结电容减小，一般在 10pF 量级，从而提高了器件的响应速度。当运用到光电二极管中时，需要加反偏电压。没有光照时，光电二极管中仅有很小的反向饱和电流。有光照时，根据以上分析可知，会形成一个由 N 区到 P 区的光生电流，因此可以根据光生电流的特性来判断光信号的特性。

3.4.2.2　雪崩光电二极管

1. 原理

雪崩光电二极管的工作原理和光电二极管的工作原理相似，都利用了光生伏特效应。雪崩光电二极管同样是在反向偏置电压下工作的，只是它的反偏电压很大，无光照时与光电二极管的特性一样。有光照时，会在强电场的作用下出现雪崩倍增效应。雪崩倍增效应如图 3-4-2 所示。

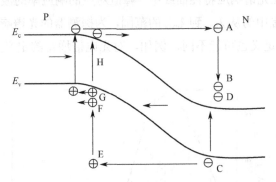

图 3-4-2　雪崩倍增效应

当有光照且光子能量大于禁带宽度时，会形成光生电子–空穴对，光生电子–空穴对在强电场的作用下，具有巨大的动能。因此它们在漂移的过程中会碰撞原子，产生更多的新的电子–空穴对，而新产生的电子–空穴对同样在强电场的作用下具有巨大的动能，会碰撞原子产生更多的电子和空穴，循环往复，可以看出产生的电子和空穴的数量像"雪崩"一样增多。大量的电子和空穴在电场的作用下形成很大的电流，在 N 区积累电子，在 P 区积累空穴，形成光生电动势。

2. 应用改进措施

在 PD 中，偏置电压要求在几十伏以下，因此载流子的漂移速度也会影响 PD 的响应速度。而在雪崩光电二极管（Avalanche Photo Diode，APD）中，反向偏置电压在几百伏左右，使得载流子在耗尽层的漂移时间很短。在雪崩效应中，电子和空穴的数量急剧增加，从而形成的电流也相应地增大，因此雪崩光电二极管不仅能够根据电流特性判断光信号，而且具有增益效应，响应时间短，频带可达 100GHz，是目前响应很快的一种光电二极管，适用于光纤高速通信、激光测距及其他微弱光的探测领域等。但是，雪崩光电二极管的噪声问题要比一般光电探测器的噪声问题更严重。这是因为雪崩光电二极管有内部增益，会引入附加噪声，这种噪声与雪崩光电二极管内碰撞电离有关。理论证明，当只有一种载流子碰撞电离时，噪声的影响较小，因此，可以采用电子离化率和空穴离化率相差较大的材料，如硅；还可以在工艺结构上采取一定措施，尽量使只有一种载流子产生碰撞电离。

3.4.3　光电探测器的性能指标

3.4.3.1　光响应率

光响应率的定义为：探测器在光照射下的电流 I_L 与暗电流 I_D 之差，即 $I_p=I_L-I_D$ 与输入光功率 P 之比。对于工作在光伏型模式的光电探测器，则为输出电压 V_p 与输入光功率 P 之比，即 $R_I=I_p/P$（单位为 A/W）或 $R_V=V_p/P$（单位为 V/W）。由于光响应率与入射光的波长和功率有密切的关系，因此入射光的波长不同，探测器的响应率也会随之改变。所以，一般光电探测器工作在一个特定的波段范围，称为光谱响应特性，光电探测器的光响应率的光谱响应特性曲线如图 3-4-3 所示。在光谱响应特性曲线中，峰值对应的响应率的波长为 λ_p，响应率下降一半（50%）时的波长范围中的从 λ_{min} 到 λ_{max} 的范围，为探测器的光谱响应范围。另外，对具体器件的光谱响应范围的定义也可能不同，例如，对光电倍增管的定义为下降到峰值灵敏度的 1%或 0.1%的波长范围。

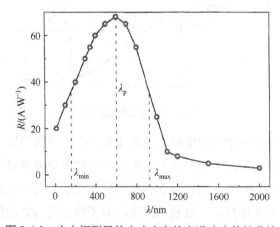

图 3-4-3　光电探测器的光响应率的光谱响应特性曲线

3.4.3.2　量子效率

从光的量子化的特性角度来定义光电探测器的性能，包括外部量子效率（External Quantum Efficiency，EQE）和内部量子效率（Internal Quantum Efficiency，IQE）。其中，外部量子效率定义为：单位时间内产生光电流的电子数目与照射在探测器件的光子流数目之比，即 $EQE = \dfrac{N_I}{N_P} = \dfrac{hcI_P}{e\lambda P_I}$，其中 N_I 为单位时间内流过器件的光电流中的电子数目，N_P 为单位时间内照射在器件上的光子数目，h 为普朗克常数，c 为光速，e 为电荷，P_I 为入射在器件有效面积上的光功率，λ 为入射光的波长。内部量子效率定义为：单位时间内光电流的电子数目与探测器件吸收的光子流数目之比，即 $IQE = \dfrac{N_I}{N_A} = \dfrac{hcI_P}{e\lambda P_A}$，其中 N_A 为探测器吸收的光子数目，P_A 为探测器吸收的光功率。外部量子效率可直接方便地测量，外部量子效率与光响应率之间的关系为：$EQE = \dfrac{R_I \times 1240}{\lambda} \times 100\%$，其中波长 λ 的单位为 nm，R_I 为给定波长时的光响应率，单位为 A/W。

3.4.3.3　探测器的响应时间

从时域的角度看，探测器的响应时间是表征器件对光照射信号的响应快慢的参数。它是随入射光开关随时间的变化而变化的，用 τ 来表示。响应时间 τ 定义为上升时间 τ_r 和下降时间 τ_f 之和，τ_r 和 τ_f 分别是光探测器对阶跃信号的时间响应。图 3-4-4（a）所示为探测器对入射的光的方波脉冲信号，图 3-4-4（b）所示为探测器对入射光信号的响应。响应时间的入射光脉冲打开的上升时间（从 0.1 到 0.9）和照射光脉冲关闭后的下降时间（从 0.9 到 0.1）之和为 $\tau = \tau_r + \tau_f$，τ 即为该探测器的响应时间。

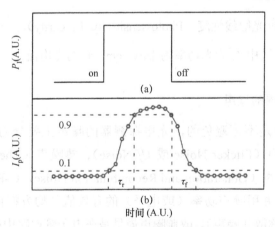

图 3-4-4　探测器的时间响应

3.4.3.4　噪声等效功率

噪声等效功率的定义为：当探测信噪比 $S/N = 1$（信噪比是指光电信号的峰峰值和噪声的有效值之比）时入射到探测器上的信号光功率，它表征了光电探测器对微弱光信号的探测能力。由于噪声功率与测量带宽的根号成正比，因此噪声等效功率规定在 1Hz 带宽条件下的测量结果。噪声等效功率可以表示为 NEP=i_N/R，这里，i_N 为在 1Hz 测量带宽内的噪声电流（单位为 A/Hz$^{1/2}$），R 为探测器的峰值响应波长 λ_p 上的灵敏度，单位为 A/W。

3.4.3.5 比探测率

比探测率的定义为单位器件面积上 1Hz 测量带宽时器件的探测率。探测器有效面积 A_d 不同、测量电路带宽 B 不同，比探测率也会不同。一般来说，噪声功率正比于 $A_d \cdot B$，因此把噪声除以 $\sqrt{A_d \cdot B}$，相当于把探测率归一化为 A_d=1cm^2 和 B=1Hz 时的值，这时的探测率称为比探测率，便于对不同探测器进行比较。探测率可表示为 $D^* = \dfrac{\sqrt{A_d \cdot B}}{\text{NEP}} = \dfrac{\sqrt{A_d \cdot B}}{iN} R$，单位是 cm·Hz$^{\frac{1}{2}}$·W^{-1}。比探测率 D^* 越大，探测器探测弱信号的能力越强。

3.4.3.6 光电导增益

光电导增益的定义是在长度为 L 的器件两端加上电压后，电场对光生载流子加速形成的外部电流与光电子形成的内部电流之比，其可以表示为 $G_{ph} = \dfrac{I_p / q}{N_I \eta_{trans}}$，其中 η_{trans} 表示器件电子的转移效率[43]。光电导增益也可以表示为 $G_{ph} = \dfrac{\tau_L}{\tau_T}$，其中 τ_L 为光生载流子的寿命，τ_T 为载流子的渡越时间，$\tau_T = \dfrac{L^2}{\mu V_{bias}}$。因而，载流子的渡越时间可以表示为 $\tau_T = \dfrac{\mu \tau_L}{L^2} V_{bias}$，主要取决于材料的载流子的迁移率、光生载流子的寿命、器件的通道长度 L 和偏置电压 V_{bias}。

3.4.3.7 线性动态范围

线性动态范围也称为光敏线性度（Photo-sensitivity Linearity），一般用 dB 来度量。其可表示为 LDR = $20 \lg \dfrac{I_P^*}{I_D}$，其中 I_p^* 为光功率为 1mW·cm^{-2} 时的光电流。

3.4.3.8 光电探测器的噪声

光电探测器的噪声是不可避免的，光电探测器的噪声主要分为以下几种：散粒噪声（Shot Noise）、闪烁噪声（Flicker Noise 或 1/f Noise）、热噪声（Thermal Noise 或 Johnson Noise）和产生-复合噪声（Generation and Recombination Noise，G-R Noise）。噪声的度量通常采用统计的方法，并用噪声功率（或电平）的有效值（均方根值）给出。

（1）散粒噪声（或称散弹噪声）。散粒噪声最早是在电子管电路中被发现的，由阴极热电子随机性发射而引起，在半导体器件中，当电荷载流子通过 P-N 结时，也有类似的噪声随机产生和流动，这类由颗粒化电流引起的起伏称为散粒噪声。在散粒噪声极限下探测到的信号，称为量子极限探测。散粒噪声属于白噪声，其功率谱密度与频率无关，其表达式为 $S_i(f)$=2eI_D，式中，e 为电子电荷，I_D 为流过器件的暗电流。散粒噪声的电流有效值可以写为 $I_s = \sqrt{2eI_D B}$，相应的噪声电压有效值为 $V_s = \sqrt{2eI_DR^2B}$，式中 R 为探测器的电阻。如果探测器具有内增益 G，在上述两式中还要乘以 G 因子，例如，光电倍增管和半导体雪崩光电二极管光电探测器具有 G 因子。

（2）闪烁噪声。闪烁噪声属于器件内部的低频噪声，大约处于 1000Hz 以下的频域范围内。如光电阴极表面的局部不均匀性会引起发射电子的缓慢随机起伏，半导体器件也有类似的情况，其噪声电流的有效值可用经验公式表述 $I_f = \sqrt{(AI^\alpha B / f^\beta)}$，其中 A 为与探测器有关的系数，I 为流过探测器的总直流电流。$\alpha \approx 2$，$\beta \approx 1$，于是，上式可近似为 $I_f = \sqrt{(AI^2B / f)}$。闪烁噪声的功率谱密度 $s(f) \approx 1/f$，因此经常被称为 $1/f$ 噪声。为了减小这种噪声，在测量系统中应尽可能采用比较高的调制频率来工作。

（3）热噪声。探测器有一等效电阻 R，电阻内电子的热运动引起电阻两端电压的随机起伏而产生的噪声，称为热噪声。理论和实验都表明热噪声与频率无关，因此属于白噪声。任何电子学器件都会有热噪声，热噪声均方振幅电压值可以表示为 $\overline{V_n^2} = 4k_BTRB$，式中，$k_B$ 为玻尔兹曼常数（1.38×10^{-23}J/K），T 为热力学温度（K），R 为电阻阻值（Ω），B 为测试系统的等效噪声带宽。这个噪声源等效于与电阻串联的电压噪声源，或者与电阻并联的电流噪声源，它的噪声电流均方值为 $\overline{i_n^2} = \dfrac{4k_BTB}{R}$。热噪声的功率谱密度（定义为单位频率范围内的噪声功率）为 $S(f) = 4k_BTR$，严格地说，热噪声不是真正的白噪声，热噪声的功率谱密度更精确的公式应为 $S(f) = \dfrac{4hfR}{\exp(-\dfrac{hf}{k_BT}) - 1}$，只有当 $k_BT \gg hf$ 时，才近似为 $S(f) = 4k_BTR$，在大部分情况下，这个条件都可以满足，因此总是把热噪声作为白噪声来处理。

3.4.3.9 暗电流及伏安特性

暗电流是指 P-N 结在反偏压条件下，没有入射光时产生的反向直流电流。暗电流一般由载流子的扩散、器件表面和内部的缺陷及有害的杂质引起。在探测器的两端加偏置电压，随着电压的变化，电流也会发生相应的变化，由此所绘制出的曲线为探测器的伏安特性曲线。

光电探测器作为一种结器件，它的直流伏安特性满足方程

$$I = I_d(e^{qV/nkT} - 1) - I_p \tag{3-4-4}$$

式中，I_d 是暗电流，q 是单位电荷，V 是 P-N 结两端的电压，n 是一个理想因子，k 是波耳兹曼常数，T 是热力学温度。I_p 表示当有光入射时产生的光电流对二极管电流的影响。光电探测器平常工作在反向偏压下，即 $V = -V_r$，并且假定 $V_r \gg q/nkT$，则式（3-4-4）简化为

$$I = -(I_d + I_p) \tag{3-4-5}$$

当偏压增大时，暗电流增大。当反向偏压增大到一定值时，暗电流迅速增大，发生反向击穿。发生反向击穿的电压值称为反向击穿电压，常用 V_B 表示。光电二极管的伏安特性曲线如图 3-4-5 所示。

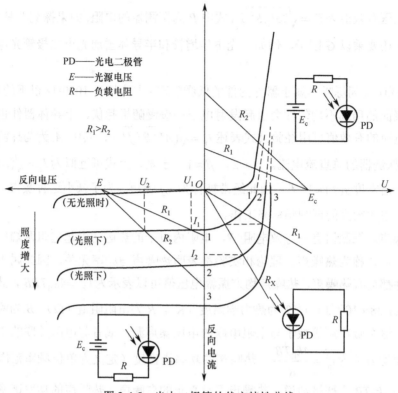

图 3-4-5 光电二极管的伏安特性曲线

3.4.3.10 线性度

线性度描述了光电探测器的光电特性曲线或光照特性曲线中输出信号与输入信号保持线性关系的程度，即在规定的范围内，探测器的输出电量精确地正比于输入光量的性能。在这一规定的范围内，光电探测器的响应度是常数，该区域范围被称为线性区。线性区的下限一般由器件的暗电流和噪声因素决定，上限由饱和效应或过载决定。此外，光电探测器的线性区还随偏置电压、辐射调制、调制频率等条件的变化而变化。

线性度是辐射功率的复杂函数，是器件中的实际响应曲线接近拟合直线的程度，通常用非线性误差来度量

$$\delta = \frac{\Delta_{max}}{I_2 - I_1} \tag{3-4-6}$$

式（3-4-6）为实际响应曲线与拟合直线之间的最大偏差，I_1、I_2 分别为线性区中的最小响应值和最大响应值。

本 章 小 结

本章主要讲述了分布式光纤声振系统组成，主要包括激光器、调制器、光放大器、光电探测器等主要器件，同时对每种器件的分类和工作方式进行了系统描述。

习　题

1. 分布式光纤声振系统主要由哪几部分组成？请按照光入射方向画出简图。
2. 光纤激光器的工作原理是什么？组成部分有哪些？
3. 声/电光调制器的性能主要有哪些？
4. 光放大器的种类有哪些？光放大基于什么原理？
5. 光电探测器的性能指标有哪些？

参 考 文 献

[1] 刘德明，向清，黄德修. 光纤光学[M]. 北京：国防工业出版社，1995.

[2] Komukai T, Yamamoto T, Sugawa T, et al. Upconversion pumped thulium-doped fluoride fiber amplifier and laser operating at 1.47μm[J]. IEEE Journal of Quantum Electronics, 1995, 31(11):1880-1889.

[3] Xia J, Cai H, Li L, et al. Experimental study of a double-cladding fiber laser[C]. Asia-pacific Optical & Wireless Communications Conference & Exhibit. International Society for Optics and Photonics, 2001.

[4] Dominic V, Maccormack S, Waarts R, et al. 110W Fiber Laser[C]. Conference on Lasers & Electro-optics. IEEE Xplore, 1999.

[5] Offerhaus H L, Alvarezchavez J A, Nilsson J, et al. Multi-mJ, multi-Watt Q-switched fiber laser[C]. Conference on Lasers & Electro-optics. IEEE, 1999.

[6] S.V.卡塔洛颇罗斯，卡塔洛颇罗斯，高启祥. 密集波分复用技术导论[M]. 北京：人民邮电出版社，2001.

[7] Nair, Prita. Fiber Raman lasers using all-fiber resonators[J]. Optical Engineering, 1996, 35(1):272-236.

[8] Perlin V E, Winful H G. Distributed feedback fiber Raman laser[J]. IEEE Journal of Quantum Electronics, 2001, 37(1):38-47.

[9] Sanders S R, et al. Laser diode pumped 106mW blue upconversion fiber laser[J]. Applied Physics Letters, 1995, 67(13):1815-1816.

[10] Hill D J, Nash P J, Jackson D A, et al. Fiber laser hydrophone array[C]. Fiber Optic Sensor Technology and Applications. International Society for Optics and Photonics, 1999.

[11] Cranch G A, Foster S, Kirkendall C K. Fiber laser strain sensors: enabling a new generation of miniaturized high performance sensors[J]. Proceedings of SPIE-The International Society for Optical Engineering, 2009, 7503.

[12] Wanser K H. Fundamental phase noise limit in optical fibres due to temperature fluctuations[J]. Electronics Letters, 1992, 28(1):53-54.

[13] Hill D J, Nash P J, Hawker S D, et al. Progress toward an ultrathin optical hydrophone array[J]. Proceedings of SPIE-The International Society for Optical Engineering, 1998, 3483:301-304.

[14] Bucaro J A. Fiber-optic hydrophone[J]. J.acoust.soc.am, 1977, 62(5):1302-1304.

[15] NASH P. Review of interferometric optical fibre hydrophone technology[J]. IEEE proceedings. Radar, sonar and navigation, 1996, 143(3): 204-209.

[16] Asseh A, Margulis W, Sandgren S, et al. 10cm Yb³⁺ DFB fibre laser with permanent phase shifted grating[J]. Electronics Letters, 1995,31(12):969-970.

[17] 姜典杰，刘海涛，陈向飞，等. DFB 光纤激光器[J]. 光电子·激光，2004，15（Z1）：126-129.

[18] 丛梦龙，李黎，崔艳松，等. 控制半导体激光器的高稳定度数字化驱动电源的设计[J]. 光学精密工程，2010，18（7）：1629-1636.

[19] 杨小丽. 光电子技术基础[M]. 北京：北京邮电大学出版社，2005.

[20] Du Burck F, Tabet A, Lopez O. Frequency modulated laser beam with highly efficient intensity stabilisation[J]. Electronics Letters, 2005, 41(4):188-200.

[21] 杨苏辉，吴克瑛，赵长明，等. 并联驱动声光调制器在连续波线性调频激光雷达系统中的应用[J]. 光学学报，2002（06）：739-742.

[22] 张秀峰，王培昌，常治学，等. 声光调制系统驱动器的研制[J]. 压电与声光，2007，29（3）：255-257.

[23] 李明，李冠成. 声光效应实验研究[J]. 应用光学，2005，26（6）：23-27.

[24] 范月霞. CO_2 激光器声光调制驱动电源及其特性的研究[D]. 武汉：华中科技大学，2006.

[25] Nielsen T N, Stentz A J, Rottwitt K, et al. 3.28Tb/s(82/spl times/40Gb/s) transmission over 3/spl times/100km nonzero-dispersion fiber using dual C- and L-band hybrid Raman/erbium doped inline amplifiers[C]. Optical Fiber Communication Conference. Technical Digest Postconference Edition. Trends in Optics and Photonics Vol.37(IEEE Cat. No. 00CH37079). IEEE, 2000.

[26] Kamiya T. High Speed Optoelectronics for Optical Communication. Technical Digest,CLEO/PR99, Seoul, Korea, 1999:5.

[27] 黄章勇. 光纤通信用光电子器件和组件[M]. 北京：北京邮电大学出版社，2001.

[28] 强则煊. 低噪声、高增益、高平坦度掺铒光纤放大器的分析与实验研究[D]. 杭州：浙江大学，2004.

[29] 贾颖. 掺铒光纤放大器的优化设计及实验研究[D]. 淮南：安徽理工大学，2015.

[30] 李超群. 双向掺铒光纤放大器的分析设计[D]. 成都：电子科技大学，2018.

[31] 肖涛. 掺铒光纤放大器的智能化设计及实现[D]. 上海：上海交通大学，2010.

[32] AGRAWAL G P. 非线性光纤光学原理及应用[M]. 贾东方，余震虹，译. 北京：电子工业出版社，2010.

[33] 季韦平. 增益平坦分布式光纤喇曼放大器的原理与设计[D]. 上海：上海交通大学，2008.

[34] 刘毓. SRS 对 DWDM 光纤通信系统性能影响的研究[D]. 西安：中国科学研究生院（国家授时中心），2006.

[35] 陈晴川. 拉曼光纤激光器的设计和实验研究[D]. 武汉：华中科技大学，2004.

[36] R H Stolen, E P Lppen. Raman gain in glass optical waveguides[J]. Appl. Phys. Lett. 1973,22(6):276-278.

[37] S R Chinn. Analysis of counter-pumped small-signal Raman amplifiers[J].Electronics Letters,1997,33(7):607-608.

[38] Guo Q, et al. Black Phosphorus Mid-Infrared Photo detectors with High Gain[J]. Nano Lett,2016,46:48-55.

[39] Schubert M C, Riepe S, Bermejo S, et al. Determination of spatially resolved trapping parameters in silicon

with injection dependent carrier density imaging[J]. Journal of Applied Physics, 2006, 99(11):311-319.

[40] Soci C. et al. ZnO nanowire UV photodetectors with high internal gain[J]. Nano letters, 2007,7(4):1003-1009.

[41] Dirk J, Groenendijk, et al. Photovoltaic and Photothermoelectric Effect in a Double-Gated WSe2 Device[J]. Nano Letters, 2014, 14(10):5846-5852.

[42] Buscema M, et al. Photocurrent genneration with two-dimensional van der Waals semiconductors[J]. Chemical Society Reviews, 2015, 44:3639-3748.

[43] Koppens F H L, Mueller T, Avouris P, et al. Photodetectors based on graphene, other two-dimensional materials and hybrid systems[J]. Nature Nanotechnology, 2014, 9(10):780-793.

[44] Low T, Engel M, Steiner M, et al. Origin of photoresponse in black phosphorus phototransistors[J]. Physical Review, 2014, 90(8):081408.1-081408.5.

[45] Zuev Y M, Chang W, Kim P. Thermoelectric and Magnetothermoelectric Transport Measurements of Graphene[J]. Physical Review Letters, 2009, 102(9):096807-096811.

[46] Richards P L. Bolometers for infrared and millimeter waves[J]. J.appl.phys, 1994, 76(1):1-24.

第4章 分布式光纤声振解调技术

内容关键词

- 解调
- 强度解调
- 相位解调

4.1 强度解调

4.1.1 基本原理

强度解调的方案结构简单，适合短距离且信噪比要求不太高的场合，受激光器相位噪声的影响较小。强度解调结构图如图 4-1-1 所示，先将光信号进行光学滤波，滤除中心波长以外的其他噪声，光电探测器将光信号转换成电信号，然后将获得的信号进行放大，最后进行滤波，保证只将有用信号进行放大。

图 4-1-1 强度解调结构图

强度解调获得的信号 I_s（信号光的平均功率 P_s）与单位时间内光生载流子的数目成正比，而 P_s 又与光场信号振幅的二次方成正比，光场信号的振幅可表示为

$$\left|E_{bs}(t)\right| = \text{Re}[E_{bs}(t)] = \text{Re}[E_{amp}(t)e^{j[2\pi ft+\Delta\varphi(t)]}] \tag{4-1-1}$$

因此，直接检测得到的瑞利散射信号 I_s 可以表示为

$$I_s(t) = P_s = E_{bs}(t) \cdot E_{bs}^*(t) = 2E_{amp}^2(t)$$
$$= A + B\cos\Delta\varphi(t) \tag{4-1-2}$$

强度解调获得的信号等于干涉场信号振幅的平方和，因此干涉场的相位信息直接被掩盖，无法检测。光电探测器的响应频率低于 10^{10}Hz，而光的频率大致在 10^{14}～10^{15}Hz 范围内，因此光电探测器只对光信号包络产生响应，而相位信息全部淹没。强度解调方式只适用于传统 OTDR 的强度解调型分布式光纤传感系统，只能对扰动信号实现定性的测量，如测试光纤断点、外事件位置等，不能实现定量的测量。例如，采用强度解调方法测量的扰动信号如图 4-1-2 所示，图中横轴为位置，纵轴为时间，颜色表示归一化强度值。

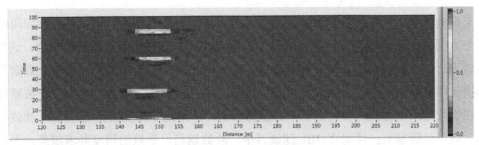

图 4-1-2　强度解调结果瀑布图

4.1.2　滤波器选择分析

在强度解调中，为了保证将有用信号进行放大，需要在解调算法中加入信号滤波功能，此时滤波器的选择对解调结果也会造成一定影响。数字滤波器主要分为有限冲激响应（FIR）与无限冲激相应（IIR）两类，从公式上看，一般的离散系统可以用 N 阶差分方程来表示，系统函数可写为

$$H(z) = \frac{\sum_{r=0}^{M} a_r z^{-r}}{1 + \sum_{k=1}^{N} b_k z^{-k}} \tag{4-1-3}$$

当 b_k 全为 0 时，$H(z)$ 为多项式，称为 FIR 滤波；

当 b_k 不全为 0 时，$H(z)$ 为有理分式形式，称为 IIR 滤波。

对于 FIR 滤波器，"有限"说明其冲激响应是有限的，与 IIR 滤波器相比，它具有线性相位、容易设计的优点。这说明，IIR 滤波器具有相位不线性、不容易设计的缺点。对于设计同样参数的滤波器，FIR 比 IIR 需要更多的参数。这就说明，选用 IIR 滤波器会增大计算量，对实时性有影响。

从性能上看，IIR 滤波器的传递函数包括零点和极点两组可调因素，对极点的唯一限制是在单位圆内。因此可用较低的阶数获得高的选择性，所用的存储单元少，计算量小，效率高。但是高效率是以相位的非线性为代价的。选择性越好，相位非线性越严重。FIR 滤波器的传递函数的极点固定在原点，是不能动的，只能靠改变零点位置来改变它的性能。所以要达到高的选择性，必须用较高的阶数。对于同样的滤波器设计指标，FIR 滤波器所要求的阶数可能是 IIR 滤波器的 5～10 倍，因此成本较高，信号延时也较大。若按线性相位要求来说，则 IIR 滤波器必须加全通网络进行相位校正，同样要大大增加滤波器的阶数和复杂性。而 FIR 滤波器却可以得到严格的线性相位。

从结构上看，IIR 滤波器必须采用递归结构来配置极点，并保证极点位置在单位圆内。由于有限字长效应，运算过程中将对系数进行舍入处理，引起极点的偏移。这种情况有时会造成稳定性问题，甚至产生寄生振荡。相反，FIR 滤波器只要采用非递归结构，不论在理论上，还是在实际的有限精度运算中，都不存在稳定性问题，因此造成的频率特性误差也较小。此外，FIR 滤波器可以采用快速傅里叶变换算法，在相同阶数的条件下，运算速度可以快得多。

从上面的简单比较可以看到 IIR 滤波器与 FIR 滤波器各有所长，所以在实际应用时，应该从多个方面考虑来加以选择。从使用要求上来看，在对相位要求不敏感的场合，选用 IIR 滤波器较为合适，这样可以充分发挥其经济、高效的优点；对于图像信号处理、数据传输等以波形携带信息的系统，则对线性相位要求较高，如果有条件，那么采用 FIR 滤波器较好。当然，在实际应用中可能还要考虑更多方面的因素。不论是 IIR 滤波器还是 FIR 滤波器，阶数越高，信号延迟越大；同时在 IIR 滤波器中，阶数越高，系数的精度要求越高，否则很容易造成有限字长的误差使极点移到单位圆外，因此在阶数选择上是综合考虑的。

4.1.3　滤波器的分类及特点

4.1.3.1　根据滤波器的选频作用分类

1. 低通滤波器

在 $0 \sim f_2$ 频率范围内，幅频特性比较平直，它可以使信号中低于 f_2 的频率成分几乎不受衰减地通过，而高于 f_2 的频率成分被极大地衰减。低通滤波器如图 4-1-3 所示。

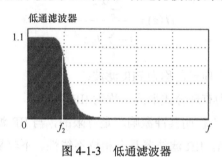

图 4-1-3　低通滤波器

2. 高通滤波器

与低通滤波相反，在 $f_1 \sim \infty$ 频率范围内，其幅频特性比较平直。它使信号中高于 f_1 的频率成分几乎不受衰减地通过，而低于 f_1 的频率成分被极大地衰减。高通滤波器如图 4-1-4 所示。

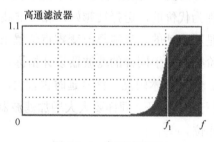

图 4-1-4　高通滤波器

3. 带通滤波器

它的通频带为 $f_1 \sim f_2$，它使信号中高于 f_1 而低于 f_2 的频率成分可以不受衰减地通过，而其余成分受到衰减。带通滤波器如图 4-1-5 所示。

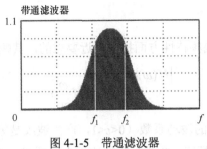

图 4-1-5　带通滤波器

4. 带阻滤波器

与带通滤波相反，阻带在频率 $f_1 \sim f_2$ 范围内，它使信号中高于 f_1 而低于 f_2 的频率成分受到衰减，其余频率成分的信号几乎不受衰减地通过。带阻滤波器如图 4-1-6 所示。

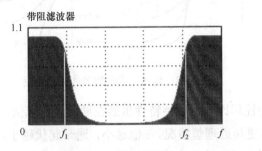

图 4-1-6　带阻滤波器

低通滤波器和高通滤波器是滤波器的两种基本的形式，其他滤波器都可以分解为这两种类型的滤波器，例如，低通滤波器与高通滤波器的串联为带通滤波器，低通滤波器与高通滤波器的并联为带阻滤波器。

4.1.3.2　根据"最佳逼近特性"标准分类

1. 巴特沃斯滤波器

对幅频特性提出要求，而不考虑相频特性。巴特沃斯滤波器具有最大平坦幅度特性，其幅频响应表达式为

$$|H(\omega)| = \frac{1}{\sqrt{1 + (\omega / \omega_c)^{2n}}} \tag{4-1-4}$$

式中，n 为滤波器的阶数，ω_c 为滤波器的截止角频率。巴特沃斯滤波器的幅频特性如图 4-1-7 所示。

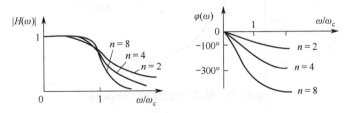

图 4-1-7　巴特沃斯滤波器的幅频特性

2. 切比雪夫滤波器

切比雪夫滤波器也是从幅频特性方面提出逼近要求的，其幅频响应表达式为

$$|H(\omega)| = \frac{1}{1 + \varepsilon^2 T_n^2 \left(\dfrac{\omega}{\omega_c}\right)} \tag{4-1-5}$$

式中，ε 为决定通带波纹大小的波动系数（$0<\varepsilon<1$，产生波纹是因为实际滤波网络中含有电抗元件），ω_c 为滤波器的截止角频率，T_n 是 n 阶切比雪夫多项式。切比雪夫滤波器的幅频特性如图 4-1-8 所示。

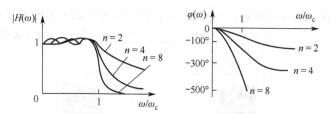

图 4-1-8   切比雪夫滤波器的幅频特性

与巴特沃斯逼近特性相比较，这种特性虽然在通带内有起伏，但对同样的 n 值，在进入阻带以后衰减更陡峭，更接近理想情况。ε 值越小，通带起伏越小，截止频率点衰减的分贝值也越小，但进入阻带后衰减特性变化缓慢。与巴特沃斯滤波器相比，切比雪夫滤波器的通带有波纹，过渡带的陡直度低，因此，在不允许通带内有纹波的情况下，巴特沃斯滤波器更可取。从相频响应来看，巴特沃斯滤波器优于切比雪夫滤波器，通过比较图 4-1-7 和图 4-1-8 可以看出，前者的相频响应更接近于直线。

3. 贝塞尔滤波器

贝塞尔滤波器只关注相频特性而不关注幅频特性，又称最平时延或恒时延滤波器。其相移和频率成正比，即为线性关系。但是它的幅频特性欠佳，往往限制了它的应用。贝塞尔滤波器的幅频特性如图 4-1-9 所示。

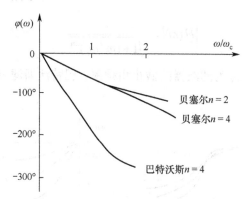

图 4-1-9   贝塞尔滤波器的幅频特性

4.2　相位解调

由 2.3 节系统结构的干涉原理可知,系统探测到的光强信号与外界振动信号之间是非线性关系,而与外界振动信号所引起的相位差之间是线性关系,所以不能直接由探测器的探测信号进行强度解调来获取外界振动信号的全部信息,而是需要采用相位解调技术从探测到的光强信号中还原出相位信息,从而获取引起相位变化的外界振动信号。因此,相位解调是其准确探测外界扰动的关键,也是干涉型分布式光纤传感系统得以推广的研究难点。

4.2.1　3×3 解调法

4.2.1.1　基本原理

光纤耦合器是一种光纤传感技术及光纤通信领域比较常用的无源器件,在光纤耦合器中,多束光信号在内部特殊的区域内发生耦合,耦合前后光信号的频谱成分并没有发生改变,改变的只是光信号的功率。目前,比较常见的两种耦合器是 2×2 耦合器及 3×3 耦合器,分别是输入输出端各有 2 个端口及输入输出端各有 3 个端口。在 20 世纪 80 年代,通过对 3 输入 3 输出耦合器内部的原理进行剖析,Koo K P 团队率先提出了使用 3×3 耦合器来解调干涉型光纤传感器采集到的信号[4]。

3×3 耦合器解调法是一种无源零差的解调方案(信号臂和参考臂之间不存在频率差),而且该解调法属于被动相位调制型方法,该方法具有测量动态范围大、灵敏度高及便于实现全光纤化的优点。图 4-2-1 所示为 3×3 耦合器干涉仪结构,根据光纤理论,输出端的 3 路信号存在 120° 的相位差,采用 3 个型号相同的光电探测器同时对耦合器的 3 路输出信号进行探测,这样能保证整个系统的相位灵敏度符合稳定性的要求,对后面的解调还原外界待测信号起着相当重要的作用[6-11]。

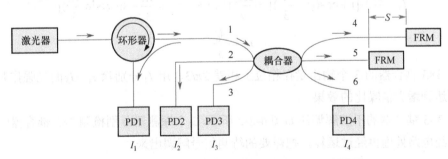

图 4-2-1　3×3 耦合器干涉仪结构

假设连接 3×3 耦合器的 3 根光纤完全相同,并且耦合器没有损耗,3×3 耦合器的每一路光强的具体推导如下。

port1 入射光 $A_0 e^{i\theta}$,其中,A_0 为入射光的振幅,θ 为初始相位。

3×3 耦合器和法拉第旋转镜的传输矩阵分别为

$$S_{3\times3} = \frac{1}{\sqrt{3}}\begin{bmatrix} 1 & e^{i2\pi/3} & e^{i2\pi/3} \\ e^{i2\pi/3} & 1 & e^{i2\pi/3} \\ e^{i2\pi/3} & e^{i2\pi/3} & 1 \end{bmatrix}, \quad S_{\text{MI}} = \begin{bmatrix} e^{i\varphi} & 0 & 0 \\ 0 & 1 & 0 \\ 0 & 0 & 0 \end{bmatrix} \tag{4-2-1}$$

式中，φ 为干涉仪引入的相位差。入射光第一次通过 3×3 耦合器到达法拉第旋转镜前的振幅为

$$T_1 = S_{3\times3}\begin{bmatrix} A_0 e^{i\theta} \\ 0 \\ 0 \end{bmatrix}$$

$$= \frac{1}{\sqrt{3}}\begin{bmatrix} 1 & e^{i2\pi/3} & e^{i2\pi/3} \\ e^{i2\pi/3} & 1 & e^{i2\pi/3} \\ e^{i2\pi/3} & e^{i2\pi/3} & 1 \end{bmatrix}\begin{bmatrix} A_0 e^{i\theta} \\ 0 \\ 0 \end{bmatrix} = \frac{A_0}{\sqrt{3}}\begin{bmatrix} e^{i\theta} \\ e^{i(\theta+2\pi/3)} \\ e^{i(\theta+2\pi/3)} \end{bmatrix} \tag{4-2-2}$$

则 $I_4 = A_0^2/3$。经法拉第旋转镜返回并再次通过 3×3 耦合器时，3 路信号的振幅为

$$T_2 = S_{3\times3} S_{\text{MI}} T_1$$

$$= \frac{1}{\sqrt{3}}\begin{bmatrix} 1 & e^{i2\pi/3} & e^{i2\pi/3} \\ e^{i2\pi/3} & 1 & e^{i2\pi/3} \\ e^{i2\pi/3} & e^{i2\pi/3} & 1 \end{bmatrix}\begin{bmatrix} e^{i\varphi(t)} & 0 & 0 \\ 0 & 1 & 0 \\ 0 & 0 & 0 \end{bmatrix}\frac{A_0}{\sqrt{3}}\begin{bmatrix} e^{i\theta} \\ e^{i(\theta+2\pi/3)} \\ e^{i(\theta+2\pi/3)} \end{bmatrix}$$

$$= \frac{A_0}{3}\begin{bmatrix} e^{i[\theta+\varphi]} + e^{i(\theta+4\pi/3)} \\ e^{i[\theta+\varphi+2\pi/3]} + e^{i(\theta+2\pi/3)} \\ e^{i[\theta+\varphi+2\pi/3]} + e^{i(\theta+4\pi/3)} \end{bmatrix} \tag{4-2-3}$$

探测器 $I_1 \sim I_4$ 探测到的光强可表示为

$$I_1 = \frac{2A_0^2}{9}[1 + \cos\varphi]$$

$$I_2 = \frac{2A_0^2}{9}[1 + \cos(\varphi - \frac{2\pi}{3})] = \frac{2A_0^2}{9}[1 + (\cos\varphi\cos\frac{2\pi}{3} + \sin\varphi\sin\frac{2\pi}{3})]$$

$$I_3 = \frac{2A_0^2}{9}[1 + \cos(\varphi - \frac{4\pi}{3})] = \frac{2A_0^2}{9}[1 + (\cos\varphi\cos\frac{4\pi}{3} + \sin\varphi\sin\frac{4\pi}{3})] \tag{4-2-4}$$

$$I_4 = \frac{A_0^2}{3}$$

可见 3×3 耦合器的 3 个输出量在相位上相差 $2\pi/3$，用 I_4 分别除 $I_1 \sim I_3$ 的光强作归一化处理，即可达到增大信噪比的效果。

基于 3×3 耦合器的干涉解调法如图 4-2-2 所示，3 个探测器分别检测 3×3 耦合器的 3 路输出信号，经电路处理再经过运算，把需要的待测信号解调出来。

由式（4-2-4）知，探测器 PD1～PD3 探测到的光强可表示为

$$I_k = D + I_0 \cos[\varphi(t) - (k-1)\times(2\pi/3)], \quad k=1,2,3 \tag{4-2-5}$$

式中，D 为各路输出的平均光强，I_0 为干涉条纹的峰值强度，$\varphi(t)$ 为待测信号。

图 4-2-2 中的 $A_1 \sim A_7$ 分别是相应各运算器的增益，为方便起见，令 $A_1 \sim A_7$ 都为 1。首先消除各路输出的平均光强 D 得

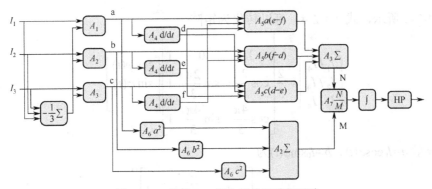

图 4-2-2 基于 3×3 耦合器的干涉解调法

$$a = I_0 \cos[\varphi(t)]$$
$$b = I_0 \cos[\varphi(t) - 2\pi/3] \tag{4-2-6}$$
$$c = I_0 \cos[\varphi(t) - 4\pi/3]$$

然后，将 a、b、c 经过 3 个相同的微分器，微分可得

$$d = -I_0 \varphi'(t) \sin[\varphi(t)]$$
$$e = -I_0 \varphi'(t) \sin[\varphi(t) - 2\pi/3] \tag{4-2-7}$$
$$f = -I_0 \varphi'(t) \sin[\varphi(t) - 4\pi/3]$$

然后将每一路信号 a、b、c 与另外两路微分后的差相乘后求和，可得

$$N = a(e-f) + b(f-d) + c(d-e) = \frac{3\sqrt{3}}{2} I_0^2 \varphi'(t) \tag{4-2-8}$$

在实际环境中，光源强度波动及偏振态变化会使 I_0 的值发生变化，为了消除 I_0 带来的影响，先把 3 个输入信号进行平方，可得

$$M = a^2 + b^2 + c^2 = \frac{3}{2} I_0^2 \tag{4-2-9}$$

再用 N 除以 M，消去 I_0^2 得

$$P = N/M = \sqrt{3}\varphi'(t) \tag{4-2-10}$$

经积分运算后输出为

$$V_{\text{out}} = \sqrt{3}[\varphi(t) + \psi(t)] \tag{4-2-11}$$

$\psi(t)$ 为由数学积分所产生的相位差，普遍把 $\psi(t)$ 当作慢变化量，经过高通滤波器来滤除这一慢变化量，从而解调出待测的信号 $\varphi(t)$。3×3 耦合器解调法可以实现几 Hz 到几十 kHz 的解调，足以满足声波检测的频带需要。

4.2.1.2 双路改进方案

1. 正交改进型

传统 3×3 耦合器解调法虽然结构简单、性能稳定可靠、不需要调制光源，但需要同时进行 3 路数据的混合运算，在分布式声场还原的大数据量下，解调的计算时间不能满足实时性的要求。因此可以将 3×3 耦合器的 3 路算法转化为 2 路正交算法，减少参与解调运算的 1 路数据流，可极大地缩短声场还原解调所需的时间。正交优化后的 3×3 耦合器干涉解

调法如图 4-2-3 所示，式（4-2-4）可以转化为矩阵

$$
\begin{bmatrix} I_1/I_4 \\ I_2/I_4 \\ I_3/I_4 \end{bmatrix} = \frac{2}{3} \begin{bmatrix} 1 & 0 & 1 \\ \cos\dfrac{2\pi}{3} & \sin\dfrac{2\pi}{3} & 1 \\ \cos\dfrac{4\pi}{3} & \sin\dfrac{4\pi}{3} & 1 \end{bmatrix} \begin{bmatrix} \cos\varphi(t) \\ \sin\varphi(t) \\ 1 \end{bmatrix} \tag{4-2-12}
$$

则两正交分量 $a=I_0\cos\varphi(t)$、$b=I_0\sin\varphi(t)$ 为

$$
\begin{bmatrix} a \\ b \\ 1 \end{bmatrix} = \begin{bmatrix} \cos\varphi(t) \\ \sin\varphi(t) \\ 1 \end{bmatrix} = \frac{3}{2} \begin{bmatrix} 1 & 0 & 1 \\ \cos\dfrac{2\pi}{3} & \sin\dfrac{2\pi}{3} & 1 \\ \cos\dfrac{4\pi}{3} & \sin\dfrac{4\pi}{3} & 1 \end{bmatrix}^{-1} \begin{bmatrix} I_1/I_4 \\ I_2/I_4 \\ I_3/I_4 \end{bmatrix} \tag{4-2-13}
$$

之后经过两个相同的微分器，微分可得

$$
c = -I_0\varphi'(t)\sin\varphi(t)
$$
$$
d = I_0\varphi'(t)\cos\varphi(t) \tag{4-2-14}
$$

然后将每一路信号 a、b 与另外一路微分相乘后作差，可得

$$
N = ad - bc = I_0^2\varphi'(t) \tag{4-2-15}
$$

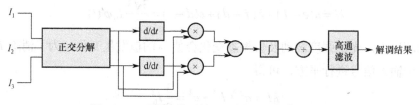

图 4-2-3　正交优化后的 3×3 耦合器干涉解调法

在实际环境中，光源强度波动及偏振态变化会使 I_0 的值发生变化，为了消除 I_0 带来的影响，把 2 个输入信号进行平方，可得

$$
M = a^2 + b^2 = I_0^2 \tag{4-2-16}
$$

再用 N 除以 M，消去 I_0^2 得

$$
P = N/M = \varphi'(t) \tag{4-2-17}
$$

经积分运算后输出为

$$
V_{\text{out}} = \varphi(t) + \psi(t) \tag{4-2-18}
$$

$\psi(t)$ 为由数学积分所产生的相位差，普遍把 $\psi(t)$ 当作慢变化量，经过高通滤波器来滤除这一慢变化量，从而解调出待测的信号 $\varphi(t)$。

2. 部分通道型

利用 3×3 耦合器构造的干涉仪，至少可以得到 2 路相位差恒定的交流输出信号，可能开始时两者的幅度不相等，但是总可以利用自动增益电路（Automatic Gain Circuit，AGC）或归一化方法，使得 2 路信号具有如下形式

$$y_1(t) = y_0 \cos[\varphi(t)]$$
$$y_2(t) = y_0 \cos[\varphi(t) + \beta] \tag{4-2-19}$$

式中，β 为输出信号的初始相位差，在耦合器分光比严格均分的情况下，$\beta = \pm120°$ 或 $\pm240°$，在非均分的情况下，也可以确定 β 的值（相当于确定静态工作点）。对上面 2 路信号进行离散级数处理，假设采样时间间隔为 Δ，时间 t 可表示为

$$t = n\Delta, \quad n = 0,1,2,\cdots \tag{4-2-20}$$

式（4-2-19）可改写为关于整数 n 的函数

$$y_1(n) = y_0 \cos[\varphi(n)]$$
$$y_2(n) = y_0 \cos[\varphi(n) + \beta] \tag{4-2-21}$$

利用式（4-2-21），可得

$$y_1(n) - y(n-1) = y_0 \cos[\varphi(n)] - y_0 \cos[\varphi(n-1)] \tag{4-2-22}$$

在实际中，稳定化光源的光功率一般是一个缓慢变化的函数，而且在一定的采样率情况下，满足下面的 2 个条件：

（1）交流幅度 y_0 是缓变函数，相邻时间点内的值相等；

（2）对于连续函数 y_1 和 y_2 来说

$$\varphi(n) - \varphi(n-1) \ll 1$$
$$\frac{\varphi(n) + \varphi(n-1)}{2} \approx \varphi(n) \tag{4-2-23}$$

此时，式（4-2-22）可写作

$$y_1(n) - y(n-1) = -y_0[\varphi(n) - \varphi(n-1)]\sin[\varphi(n)] \tag{4-2-24}$$

将式（4-2-21）展开，可求得 $\sin[\varphi(n)]$ 的数学表达式

$$\sin[\varphi(n)] = -\frac{y_2(n) - y_1(n)\cos\beta}{y_0 \sin\beta} \tag{4-2-25}$$

将式（4-2-25）代入式（4-2-24）中，可得

$$\varphi(n) - \varphi(n-1) = \frac{\sin\beta[y_1(n) - y_1(n-1)]}{y_2(n) - y_1(n)\cos\beta} \tag{4-2-26}$$

利用上面的级数，可计算出相位 $\varphi(n)$，即

$$\varphi(n) = \varphi(0) + \sum_{n=1}^{n} \frac{y_1(n) - y_1(n-1)}{y_2(n) - y_1(n)\cos\beta}\sin\beta$$

或

$$\varphi(n) = \varphi(0) + \sum_{n=1}^{n} \frac{y_2(n) - y_2(n-1)}{y_2(n)\cos\beta - y_1(n)}\sin\beta \tag{4-2-27}$$

从上面的推导过程可以看出，当有一路信号的灵敏度降到 0 附近时，另一路输出信号的灵敏度不为 0，因此，交替使用 2 路信号可以消除单路信号的不灵敏区，提高整个系统的灵敏度。采用该方法，就不存在式（4-2-27）中分母为 0 的情况，也就是说，不存在系统灵敏度

降低到 0 的情况。从解调结果，即式（4-2-27）来看，没有因子 y_0 的出现，所以可以有效地减小光源的不稳定等微扰给结果带来的偏差。因为在上面的计算过程中没有用到反三角函数、微积分等复杂的函数，所以该方案不仅可以用基于计算机的软件实现，而且硬件电路的实现也很方便。

4.2.2 PGC 解调法

在数据处理过程中，由于不能直接探测光信号的相位 φ_s，只能探测光强 I，光强与相位是三角关系（非线性关系），因此如何从光强信号中解调出所需要的相位信号（干涉仪的解调）是非常关键的。当 $\varphi_n+\varphi_0$ 在 $\pi/2$ 附近时，I 变化得最快，即系统的响应灵敏度最高；而当 $\varphi_n+\varphi_0$ 在 0 附近时，系统的响应灵敏度最低；当 $\varphi_n+\varphi_0$ 随机变化时，系统的响应灵敏度无规则地变化，这就是干涉仪的相位衰落现象。而且当相位变化超过 2π 时，直接进行反三角运算是不能正确解调出结果的。为解决这些问题，可采用相位载波调制（Phase Generated Carrier，PGC）解调技术。

4.2.2.1 基本原理

光学原理指出，光在相交区域内，形成一组稳定的明、暗相间或彩色条纹的现象，称为光的干涉现象。而通过干涉条纹的变化可以测定相当于光波波长数量级的距离的变化，即光的干涉测量原理。下面用光学原理分析光干涉后光强的变化，参考光和信号光描述为复振幅形式

$$E_R(p,t) = A_1 \exp[-\mathrm{j}(\omega t - \varphi_1)] \tag{4-2-28}$$

$$E_S(p,t) = A_2 \exp[-\mathrm{j}(\omega t - \varphi_2)] \tag{4-2-29}$$

式中，ω 为光源的频率。两束光在光电探测器上发生干涉，合成电场为

$$E(p,t) = E_R(p,t) + E_S(p,t) \tag{4-2-30}$$

光强平均能量正比于振幅的平方或复振幅与其共轭的乘积，于是

$$
\begin{aligned}
I(p,t) &= E(p,t)E^*(p,t) \\
&= [E_R(p,t) + E_S(p,t)][E_R^*(p,t) + E_S^*(p,t)] \\
&= A_1^2 + A_2^2 + A_1 A_2[\mathrm{e}^{\mathrm{j}(\varphi_1-\varphi_2)} + \mathrm{e}^{-\mathrm{j}(\varphi_1+\varphi_2)}]
\end{aligned} \tag{4-2-31}
$$

即

$$I(p,t) = I_1 + I_2 + 2\sqrt{I_1 I_2}\cos\delta(p) \tag{4-2-32}$$

式中，$I_1=A_1^2$ 和 $I_2=A_2^2$ 分别是两束光单独在光电探测器处的强度，$\delta(p)=\varphi_1-\varphi_2$ 是两束光在光电探测器处的相位差。干涉仪的输出均可表示为

$$I = A + B\cos[C\cos\omega_c t + \varphi_s(t)] \tag{4-2-33}$$

式中，A、B 为与输入光强成正比的常数，C 为载波引起的相位调制幅度，$\omega_c=2\pi f_c$，f_c 为载波信号的频率，$\varphi_s(t) = D\cos\omega_s t + \psi(t)$，$D$ 为声信号引起的相位调制幅度，$\omega_s=2\pi f_s$，f_s 为声信号的频率，$\psi(t)$ 是环境扰动等引起的初始相位的缓慢变化。

用贝塞尔函数展开式得

$$I = A + B\{[J_0(C) + 2\sum_{k=1}^{\infty}(-1)^k J_{2k}(C)\cos 2k\omega_c t]\cos\varphi_s(t) - \tag{4-2-34}$$

$$2[\sum_{k=0}^{\infty}(-1)^k J_{2k+1}(C)\cos(2k+1)\omega_c t]\sin\varphi_s(t)\}$$

很明显可以得出，当 $\varphi_s(t) = 0$ 时，信号中只存在 ω_0 的偶数倍频项，当 $\varphi_s(t) = \pi/2\,\text{rad}$（正交条件）时，信号中只存在 ω_0 的奇数倍频项。式中，将 $\sin\varphi(t)$ 和 $\cos\varphi(t)$ 同样用贝塞尔函数展开

$$\cos\varphi(t) = [J_0(D) + 2\sum_{k=1}^{\infty}(-1)^k J_{2k}(D)\cos 2k\omega_s t]\cos\psi(t) - \tag{4-2-35}$$

$$2[\sum_{k=0}^{\infty}(-1)^k J_{2k+1}(D)\cos(2k+1)\omega_s t]\sin\psi(t)$$

$$\sin\varphi(t) = 2[\sum_{k=0}^{\infty}(-1)^k J_{2k+1}(D)\cos(2k+1)\omega_s t]\cos\psi(t) + \tag{4-2-36}$$

$$[J_0(D) + 2\sum_{k=1}^{\infty}(-1)^k J_{2k}(D)\cos 2k\omega_s t]\sin\psi(t)$$

由以上公式可以看出，当 $\varphi_s(t) = 0$ 时，输出信号的频谱中偶（奇）数倍角频率 ω_s（待测信号）出现在偶（奇）数倍角频率 ω_c（载波信号）的两侧；当 $\varphi_s(t) = \pi/2\,\text{rad}$ 时，频谱上偶（奇）数倍角频率 ω_s（待测信号）出现在奇（偶）数倍角频率 ω_c（载波信号）的两侧。这些在奇/偶数倍角频率 ω_s 的两侧的边带频谱携带所要检测的信号，它们或以 ω_s 的偶数倍频率为中心，或以 ω_s 的奇数倍频率为中心。将总的输出信号与 ω_s 的适当倍频信号相乘，再通过低通滤波器滤除待检测信号的最高频率以上的项，就可以得到有用的信号。若不加载波信号，则有

$$I = A + B\cos\varphi_s(t) \tag{4-2-37}$$

当 $\cos\varphi_s(t) = 0$ 或 $\cos\varphi_s(t) = \pm 1$ 时，可以发现干涉信号将发生消隐和畸变现象，这时待测信号将无法解调出来。这种干涉仪的输出信号随外界环境的变化而出现的信号随机涨落，即为干涉仪的相位衰落现象。由上面的分析可知，加入载波信号 ω_s 以后，即使 $\cos\varphi_s(t) = 0$ 或 $\cos\varphi_s(t) = \pm 1$，也不会发生信号消隐和畸变现象，从而实现了抗相位衰落。

现推导解调原理，如图 4-2-4 所示。

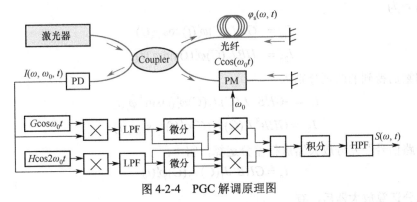

图 4-2-4　PGC 解调原理图

由图 4-2-4 可知，将幅度分别为 G、H，角频率为 ω_c 和 $2\omega_c$ 的载波信号与干涉仪的输出信号进行混频，得到的结果分别为

$$
\begin{aligned}
I_{1c} = {}& G\cos\omega_c t \cdot A + G\cos\omega_c t \cdot B\{[J_0(C) + \\
& 2\sum_{k=1}^{\infty}(-1)^k J_{2k}(C)\cos 2k\omega_c t]\cos\varphi_s(t) - \\
& 2[\sum_{k=0}^{\infty}(-1)^k J_{2k+1}(C)\cos(2k+1)\omega_t t]\sin\varphi_s(t)\} \\
= {}& AG\cos 2\omega_c t + GBJ_0(C)\cdot\cos\omega_c t\cos\varphi_s(t) + \\
& GB\sum_{k=1}^{\infty}(-1)^k J_{2k}(C)[\cos 2(k+1)\omega_c t + \cos 2(k-1)\omega_c t]\cos\varphi_s(t) - \\
& GB\sum_{k=0}^{\infty}(-1)^k J_{2k+1}(C)[\cos(2k+3)\omega_c t + \cos(2k)\omega_c t]\sin\varphi_s(t)
\end{aligned} \tag{4-2-38}
$$

$$
\begin{aligned}
I_{2c} = {}& H\cos 2\omega_c t \cdot A + H\cos 2\omega_c t \cdot B\{[J_0(C) + \\
& 2\sum_{k=1}^{\infty}(-1)^k J_{2k}(C)\cos 2k\omega_c t]\cos\varphi_s(t) - \\
& 2[\sum_{k=0}^{\infty}(-1)^k J_{2k+1}(C)\cos(2k+1)\omega_c t]\sin\varphi_s(t)\} \\
= {}& AH\cos 2\omega_c t + HBJ_0(C)\cdot\cos 2\omega_c t\cos\varphi_s(t) + \\
& HB\sum_{k=1}^{\infty}(-1)^k J_{2k}(C)[\cos 2(k+1)\omega_c t + \cos 2(k-1)\omega_c t]\cos\varphi_s(t) - \\
& HB\sum_{k=0}^{\infty}(-1)^k J_{2k+1}(C)[\cos(2k+3)\omega_c t + \cos(2k-1)\omega_c t]\sin\varphi_s(t)
\end{aligned} \tag{4-2-39}
$$

分别通过低通滤波器 LPF 后，得到

$$
I_{1s} = -GBJ_1(C)\sin\varphi_s(t) \tag{4-2-40}
$$

$$
I_{2s} = -HBJ_2(C)\cos\varphi_s(t) \tag{4-2-41}
$$

式（4-2-40）和式（4-2-41）中均含有外部环境的干扰，还不能从这两式中直接提取待测信号。为了消除信号随外部的干扰信号的涨落而出现的消隐和畸变现象，采用微分交叉相乘（Differential Cross Multiplication，DCM）技术。从低通滤波器出来的信号分别通过微分电路，微分后的信号为

$$
I_{1d} = -GBJ_1(C)\varphi_s'(t)\cos\varphi_s(t) \tag{4-2-42}
$$

$$
I_{2d} = -HBJ_2(C)\varphi_s'(t)\sin\varphi_s(t) \tag{4-2-43}
$$

交叉相乘后得到的两项分别为

$$
I_{1e} = -GHB^2 J_1(C)J_2(C)\varphi_s'(t)\sin^2\varphi_s(t) \tag{4-2-44}
$$

$$
I_{2e} = GHB^2 J_1(C)J_2(C)\varphi_s'(t)\cos^2\varphi_s(t) \tag{4-2-45}
$$

上面两路信号经差分放大器进行差分运算，得

$$
I_g = GHB^2 J_1(C)J_2(C)\varphi_s'(t) \tag{4-2-46}
$$

再经积分运算放大器后，有

$$I_{\mathrm{h}} = GHB^2 J_1(C) J_2(C) \varphi_{\mathrm{s}}(t) \tag{4-2-47}$$

最后根据实际需要的频率范围进行高通滤波，获得与被测信号 $\varphi_{\mathrm{s}}(t)$ 成正比的信号 $S(t)$，即

$$S(t) = I_{\mathrm{h}} = GHB^2 J_1(C) J_2(C) \varphi_{\mathrm{s}}(t) \tag{4-2-48}$$

从以上推导可以看出，经过一系列的信号处理过程，待测信号被解调了出来，只是其幅值变化了一个系数 $B^2 GHJ_1(C)J_2(C)$。为了减小输出结果对贝塞尔函数的依赖程度，适当地选择载波信号的幅度 C，使 $J_1(C)J_2(C)$ 的乘积最大，并且 $J_1(C)J_2(C)$ 乘积的导数绝对值最小，这样的好处是当 C 值稍有变化时，系统最后输出结果的幅值变化不大，同时可得到最大的输出。利用贝塞尔函数图，可以选择最佳载波信号的幅度 C 为 2.37。为了提高信噪比，G、H 值可适当大一些，但不要使后面的电路过载。B 值与干涉条纹可见度有关，所以应尽量使干涉仪两路信号的光强相等，这样可使干涉可见度最大。

4.2.2.2　PGC 解调影响因素

激光干涉仪的输出信号为

$$I = A + B\cos[C\cos\omega_{\mathrm{c}}t + \varphi_{\mathrm{s}}(t)] \tag{4-2-49}$$

解调后，信号输出为

$$S(t) = I_{\mathrm{h}} = GHB^2 J_1(C) J_2(C) \varphi_{\mathrm{s}}(t) \tag{4-2-50}$$

由式（4-2-49）和式（4-2-50）可见影响解调输出的有 A、B、C、G、H、$\varphi_{\mathrm{s}}(t)$ 这 6 个参数，其中 G、H 一般被设为固定不变的常数。

A：由光强和光电转换效率决定，但对解调结果没有影响。

B：受干涉仪输出光功率的漂移的影响。

C：与调制电压和安装误差有关，由于该值会引起贝赛尔函数值的变化，因此其值对解调结果的影响非常大，需要在设计中进行细致考虑。

$\varphi_{\mathrm{s}}(t)$：包含信号和随机漂移，可以通过后续的信号处理技术进一步抑制其中的噪声。

下面对以上各个因素进行详细讨论。

1. 对比度 B 的确定与影响

B 值的检测可以采用加大调制幅度的方法，当 $C>\pi$ 时，可以从采样数据中得到 $I_{\max}$ 和 $I_{\min}$，而 $I_{\max}=A+B$，$I_{\min}=A-B$，通过简单运算即可得出 B 值。C 值与驱动电压成正比，因而可以调整压电陶瓷的输入电压，使 $C>\pi$，求出 B 值后再使 $C=2.37$，从而得到满意的解调结果。

在本系统中，导致 B 变化的因素有 3 个方面：一是光源输出光功率的漂移；二是传输中光束的偏振态的变化引起的光功率不稳定；三是干涉条纹可见度变化。

解调结果与 B 值的平方成正比，若 B 值有一个波动，则系统输出变为

$$\begin{aligned}&(B+\Delta B)^2 GHDJ_1(C)J_2(C)\cos\omega t\\&= (B^2 + 2B\Delta B + \Delta B^2)GHDJ_1(C)J_2(C)\cos\omega t\end{aligned} \tag{4-2-51}$$

式（4-2-51）等号右边括号中的第 3 项是一个极小量，可以忽略，可知如果 B 值波动 20%，

那么解调结果将波动 40%，所以 B 值在实际解调系统中必须尽量减小波动。

2. 调制深度的确定与影响

图 4-2-5 所示为调制深度函数曲线，对于 C 值，从 $S(t)=I_h=GHB^2J_1(C)J_2(C)\varphi_s(t)$ 可知，为减小解调输出信号对 C 波动的依赖性，应当选择 C 值使得 $J_1(C)J_2(C)$ 最大，并且 $J_1(C)J_2(C)$ 对 C 的一阶微分趋于 0。这样的好处是：当 C 值稍有变化时，系统最后输出结果的幅值变化不大，同时得到最大的输出，即

$$\frac{\mathrm{d}}{\mathrm{d}C}[J_1(C)J_2(C)]=0 \tag{4-2-52}$$

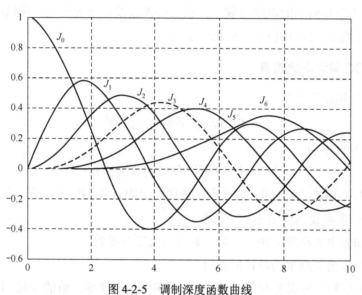

图 4-2-5　调制深度函数曲线

图 4-2-6 所示为 $J_1(C)J_2(C)$ 对 C 的一阶导数曲线。

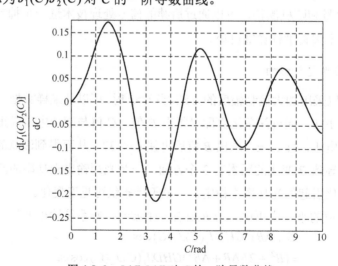

图 4-2-6　$J_1(C)J_2(C)$ 对 C 的一阶导数曲线

由图得到，当取 $C=2.37,4.45,6.03,\cdots$ 时，$\dfrac{\mathrm{d}}{\mathrm{d}C}[J_1(C)J_2(C)]=0$，即此时 C 值的波动对系统输出的影响最小。但是，C 值越大，对应的函数值越小，因此 C 的最佳值为 2.37。

3. 载波频率的选取

干涉仪输出信号的频谱如图 4-2-7 所示，包含从 ω_s 到 $k\omega_s$ 的无限条谱线和以 ω_c 的 $1\sim n$ 倍频为载频的载有 $\pm\omega_s$ 到 $\pm k\omega_s$ 边频成分的无限条谱线，其中 k、n 均为整数。

根据调相原理，可知调相波的频谱包含无限对边频分量。从理论上看，它的频谱宽度应该无限大，但是在实际应用中，常将频谱宽度视为有限的，这是因为贝塞尔函数决定了其高阶频率分量的幅度是逐渐递减的，递减的程度与待测信号的幅度有关，因此有限带宽内各频率成分的舍选是以被忽略的高阶贝塞尔函数所造成的失真必须限制在允许的范围内为原则的。

例如，设待测信号为 $\varphi_s(t)=D\cos\omega_s t$，$D$ 为相位幅度，则当 $D\leqslant10$ 时，选取 $k=D+1$；而当 $D<10$ 时，选取 $k=D$；这样才不会导致最后解调出来的信号失真，这里 k 为保留的贝塞尔函数的阶次。

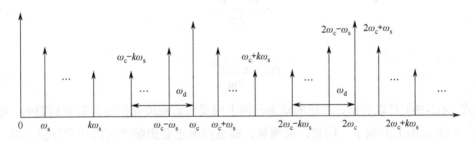

图 4-2-7　干涉仪输出信号的频谱

由频谱可以看出，要避免因频谱发生重叠而造成信号失真，应满足

$$\omega_c-k\omega_s>k\omega_s \tag{4-2-53}$$

$$k<\frac{\omega_c}{2\omega_s} \tag{4-2-54}$$

当系统调制频率 ω_c 和信号频率 ω_s 确定时，为保证解调信号不畸变，式（4-2-54）给出了 k 的最大值，即 ω_s 的最高边频次数。根据 k 与待测信号幅度的关系，在零差检测方案中，系统动态范围的上限，也就是输入最大信号幅度 D 满足

$$D<\frac{\omega_c}{2\omega_s}-1,\quad D\leqslant10 \tag{4-2-55}$$

从上面的分析可以清楚地看到，载波调制频率 ω_c 的大小关系到解调动态范围的上限，如果 ω_c 太小，待测信号频谱发生混叠，那么会减小可检测信号的动态范围。一般选择外调制方式，外调制的频率受到元件的限制，一般使用的载波频率可以达到提高被测量信号幅度或频率的目的，所以必须设法提高相位载波信号的频率，综合考虑，选择载波频率为 80kHz。

4. 动态范围的讨论

动态范围的定义为

$$\text{Dynmanicrange} = 20\lg\frac{\text{signal}_{\max}}{\text{signal}_{\min}}\text{dB} \tag{4-2-56}$$

$\text{signal}_{\max}$ 和 $\text{signal}_{\min}$ 分别表示在不失真的前提下，最大可检测的信号幅度与最小可检测的信号幅度。动态范围是表征系统对不同强度信号探测能力的主要指标，它规定了系统所能不失真解调的信号的幅度范围。对系统动态范围的讨论分为动态范围上限和动态范围下限。

（1）动态范围上限

影响系统动态范围上限的因素，即限制最大可检测信号幅度的因素有低通滤波器的约束特性和有限的载波频率。低通滤波器的约束特性体现在实际应用中，低通滤波器的非理想性都存在一定的过渡带。设滤波器的过渡带宽为 $\Delta\omega$，则有

$$\omega_c - k\omega_s > k\omega_s + \Delta\omega \tag{4-2-57}$$

$$k < \frac{\omega_c - \Delta\omega}{2\omega_s} \tag{4-2-58}$$

即

$$D < \frac{\omega_c - \Delta\omega}{2\omega_s} \tag{4-2-59}$$

从式（4-2-59）可以看出，系统的动态范围上限受低通滤波器的过渡带宽的影响，过渡带宽越大，动态范围上限越小。同理，很明显，载波频率也会影响系统的动态范围上限，其频率越大，动态范围上限越大。

（2）动态范围下限

系统的动态范围下限由系统本底噪声决定。影响系统本底噪声的因素有很多，主要包括激光器幅度噪声、相位噪声、电路噪声、数字量化噪声及解调噪声等。

对动态范围下限的影响一部分来自激光器幅度噪声，假设激光器幅度噪声为 n_1，且为白噪声。在 n_1 的影响下，干涉仪接收到的信号变为

$$I = A(1 + n_1) + B(1 + n_1)\cos[C\cos\omega_c t + \varphi_s(t)] \tag{4-2-60}$$

式（4-2-60）便是激光器幅度噪声对系统本底噪声影响的数学模型，PGC 系统的本底噪声随着激光器幅度噪声的增大而基本呈线性增大的趋势。

对动态范围下限的影响还有一部分来自干涉仪的相位噪声。激光器的频率引起的误差主要来自两个方面：一是激光器的光谱存在一定的宽度；二是激光的中心频率会发生漂移。两者通过干涉仪光路后，会以相位误差的形式体现在干涉信号中。系统本底噪声的主要贡献来自干涉仪的相位噪声。光源线宽和中心频率漂移作用在非平衡干涉仪上产生相位噪声，对探测信号式（4-2-33）的影响是直接在其相位上加噪声，此时式（4-2-33）变为

$$I = A + B\cos[C\cos\omega_c t + \varphi_s(t) + n_2] \tag{4-2-61}$$

从式（4-2-61）不难看出，光源相位误差混合在信号产生的相位中，只有不在信号频段的噪声可以通过滤波方法消除。在非平衡干涉仪中，影响干涉仪系统噪声本底的光源相位噪声是由光源存在线宽而产生的。设光源线宽为 δ_v，则相位噪声 n_2 为

$$n_2 = \frac{4\pi nl}{c}\delta_v \tag{4-2-62}$$

n_2 与干涉仪两臂光程差 nl 和 δ_v 的乘积成正比，减小 nl 或 δ_v 都可以减小相位噪声，那么要想获得较大的动态范围下限，减小干涉仪两臂光程差和光源线宽都是有帮助的。在本系统中，应尽量调节干涉仪两臂光程差，使其趋于零。

4.2.3　I/Q 解调法

4.2.3.1　基本原理

数字正交相位解调（I/Q 解调）作为一种相干探测结构中重要的解调法，能够实现对散射光幅值和相位的解调，而且硬件要求较低、结构简单。该技术最早应用于通信技术中，利用载波信号与载波调制后的信号混频，然后通过低通滤波得到调制信号，避免了探测器热噪声对微弱信号的干扰，从而保证解调的准确性。适用于 I/Q 解调的基本光电结构如图 4-2-8 所示，主要由两部分组成：用于两路信号相干的 50:50 耦合器和用于光电转换的平衡探测器（Balanced Photo Detector，BPD）。耦合器的两个端口分别输入后向瑞利散射光信号和本地光信号。本地光信号由光源分光后直接获得，而后向瑞利散射光信号则携带了拍频信号及外部扰动对传感光纤链路作用所产生的相位变化信息。

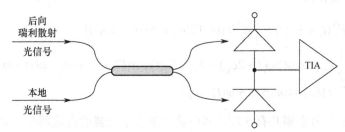

图 4-2-8　适用于 I/Q 解调的基本光电结构

由 2.3.3 节的原理分析可知，后向瑞利散射光可由一维脉冲响应模型表示为

$$E_{bs}(t) = \sum_{m=1}^{N} a_m \cos[\omega(t-\tau_m)]\text{rect}(\frac{t-\tau_m}{w}) \tag{4-2-63}$$

式中，$\omega=\omega_c+\Delta\omega$，$\omega_c$ 表示激光光源的中心角频率，$\Delta\omega=2\pi\Delta f$。由式（4-2-63）可知，某一时刻得到的瑞利散射光是由脉冲内所有瑞利散射中心的散射光的干涉结果。根据窄带高斯随机过程，可将式（4-2-63）表示为

$$E_{bs}(t) = X(t)\cos\omega t + Y(t)\sin\omega t \tag{4-2-64}$$

式中，$X(t)$ 和 $Y(t)$ 分别为

$$X(t) = \sum_{m=1}^{N} a_m \cos \omega \tau_m \text{rect}(\frac{t - \tau_m}{w})$$

$$Y(t) = \sum_{m=1}^{N} a_m \sin \omega \tau_m \text{rect}(\frac{t - \tau_m}{w})$$

(4-2-65)

将式（4-2-64）进一步化简为

$$E_{bs}(t) = E_s(t) \cos[\omega t + \varphi(t)]$$

(4-2-66)

式中

$$E_s(t) = \sqrt{X^2(t) + Y^2(t)}$$

$$\varphi(t) = -\arctan[\frac{Y(t)}{X(t)}]$$

(4-2-67)

在上述的推导过程中，将后向瑞利散射光信号的一维脉冲响应模型化简为式（4-2-66），其在形式上比较简单，便于理解和后续推导。后向瑞利散射光信号与本地光信号在耦合器中发生拍频，本地光信号可表示为

$$E_L(t) = E_0(t) \cos[\omega_c t + \varphi_0]$$

(4-2-68)

式中，$E_0(t)$ 为本地光信号的振幅，φ_0 是本地光信号的初相位。耦合器输出的光强为

$$I(t) = [E_{bs}(t) + E_L(t)]^2 = E_s^2(t) \cos^2[(\omega_c + \Delta\omega)t + \varphi(t)] +$$
$$E_0^2(t) \cos^2(\omega_c t + \varphi_0) + 2E_s(t)E_0(t) \cos[(\omega_c + \Delta\omega)t + \varphi(t)] \cos(\omega_c t + \varphi_0)$$

(4-2-69)

经过三角函数变换得

$$I(t) = E_s^2(t) + E_0^2(t) + \frac{1}{2}E_s^2(t) \cos[2(\omega_c + \Delta\omega)t + 2\varphi(t)] +$$
$$\frac{1}{2}E_0^2(t) \cos(2\omega_c t + 2\varphi_0) + E_s(t)E_0(t) \cos[(2\omega_c + \Delta\omega)t + \varphi(t) + \varphi_0] +$$
$$E_s(t)E_0(t) \cos[\Delta\omega t + \varphi(t) - \varphi_0]$$

(4-2-70)

式（4-2-70）的等号右侧共有 5 项，其中前 2 项表示光强的直流部分，第 3 项和第 4 项的频率在光频量级，现有的光电探测器无法达到这么高的响应速度，故这 2 项不对探测器产生影响，最后 1 项为光强信号的交流部分，即拍频信号。由于 BPD 对共模信号有抑制作用，BPD 探测到的即为交流部分，输出功率可表示为

$$P_{BPD} \propto E_s(t)E_0(t) \cos[\Delta\omega t + \varphi(t) - \varphi_0]$$

(4-2-71)

BPD 输出的电信号由数据采集卡（DAQ）进行采集并转换为数字信号，DAQ 的采样率为 f_s，则 DAQ 采集到的数字信号可表示为

$$S(n) \propto E_s(n)E_0(n) \cos[\Delta w_n n + \varphi_s(n)] , \ n = 1, 2, 3, \cdots, N$$

(4-2-72)

式中，$\Delta w_n = 2\pi\Delta f/f_s$ 为 $\Delta\omega$ 对应的数字角频率，相位 $\varphi_s(n) = \varphi(n) - \varphi_0$，$n$ 为采样点序号，N 为 DAQ 每次采样的总采样点数。DAQ 完成模数转换后将数字信号送入计算机进行 I/Q 解调。

I/Q 解调流程图如图 4-2-9 所示，算法主要分为混频、滤波、解调 3 部分。混频部分是将采集到的 $S(n)$ 信号分别与正交的同频率信号相乘，其中正交的同频率信号由计算机产生，两个信号分别为 $\cos(\Delta w_n n)$ 和 $\sin(\Delta w_n n)$，相乘之后产生的两路混频信号表示为

$$I' = S(n) \times \cos(\Delta w_n n) = \frac{1}{2}E_s(n)E_0(n)[\cos(2\Delta w_n n + \varphi_s(n)) + \cos\varphi_s(n)]$$

$$Q' = S(n) \times \sin(\Delta w_n n) = \frac{1}{2}E_s(n)E_0(n)[\sin(2\Delta w_n n + \varphi_s(n)) - \sin\varphi_s(n)]$$

$$(4-2-73)$$

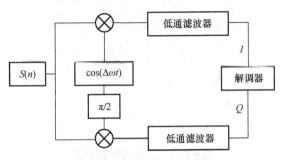

图 4-2-9　I/Q 解调流程图

从式（4-2-73）可看出，$S(n)$ 与正交信号相乘，分别产生了和频分量与差频分量，I' 与 Q' 中的 $\cos[2\Delta w_n n + \varphi_s(n)]$ 与 $\sin[2\Delta w_n n + \varphi_s(n)]$ 为其中的和频信号，其频率为 AOM 调制频率的 2 倍，而 $\cos\varphi_s(n)$ 和 $\sin\varphi_s(n)$ 为差频分量，其高频项已被抵消，只存在相位分量，为解调并得出其中的相位 $\varphi_s(n)$，要将和频信号滤除，即采用数字滤波器（Digital Low-Pass Filter，DLPF）进行低通滤波得到 I 和 Q 两路信号。除滤波的功能外，DLPF 还具有对 $S(n)$ 进行去噪的功能，以得到更好的信号质量。

$$I \propto E_s(n)E_0(n)\cos\varphi_s(n)$$
$$Q \propto -E_s(n)E_0(n)\sin\varphi_s(n)$$

$$(4-2-74)$$

得到 I、Q 两路信号后，可以通过式（4-2-74）分别得到 $S(n)$ 信号的振幅与相位

$$E_s(n)E_0(n) \propto \sqrt{I^2 + Q^2}$$
$$\varphi_s(n) = -\arctan(Q/I) + 2k\pi$$

$$(4-2-75)$$

式中，k 为整数。反正切函数 arctan 的值域为 $(-\pi/2, \pi/2)$，要根据 I、Q 的值所在的象限将反正切结果扩展到 $(-\pi, \pi)$ 范围，再通过相位解卷绕得到实际的相位结果。

相位的提取过程可分为如图 4-2-10 所示的 3 个部分，将 Q、I 信号的比值进行反正切、值域扩展和相位解卷绕处理，最后得到后向瑞利散射光信号的相位。

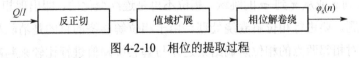

图 4-2-10　相位的提取过程

反正切函数的值域为 $(-\pi/2, \pi/2)$，当实际相位的值不在其值域范围内时，反正切结果将不再是相位解调结果。要想提取出正确的后向瑞利散射光信号的相位，首先要将反正切结果值域进行扩展。三角函数象限图如图 4-2-11 所示，其中 $\varphi_1 = -\varphi_4$，$\varphi_2 = \varphi_1 + \pi$，$\varphi_3 = \varphi_4 - \pi$，则

$\tan\varphi_1=\tan\varphi_2$，$\tan\varphi_3=\tan\varphi_4$，因此在利用反正切函数求相位值时，$\tan\varphi_1$ 与 $\tan\varphi_2$ 的反正切结果相同，$\tan\varphi_3$ 和 $\tan\varphi_4$ 的反正切结果相同，会造成反正切结果与实际相位不符的问题。

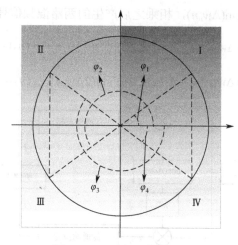

图 4-2-11 三角函数象限图

为解决此问题，即将反正切结果范围扩展到 $(-\pi, \pi)$，在求得反正切值的同时要对正余弦值的正负进行判断，进而可判断出相位所在的象限，再根据象限来确定相位的值。如图 4-2-11 中所示的 φ_1 和 φ_2，虽然其正切值相同，但 $\sin\varphi_1$ 与 $\cos\varphi_1$ 同时为正，而 $\sin\varphi_2$ 与 $\cos\varphi_2$ 同时为负，可知 φ_1 位于第一象限，而 φ_2 位于第三象限，所以 φ_2 实际的值要在反正切值的基础上减去 π；同理，φ_3 实际的值要在反正切值的基础上加上 π。由式（4-2-74）可知，根据正交解调过程中的 I 和 Q 的正负即可判断 φ_s 所在的象限，相位扩展操作如表 4-2-1 所示。由于 Q 值与相位的正切值符号相反，所以表中是根据 I 和 Q 来判断象限的。

表 4-2-1 相位扩展操作

象 限	I	$-Q$	φ_s
I	+	+	$\arctan(-Q/I)$
II	−	+	$\arctan(-Q/I)+\pi$
III	−	−	$\arctan(-Q/I)-\pi$
IV	+	−	$\arctan(-Q/I)$

虽然通过表 4-2-1 可实现将反正切函数求出的相位值实现从 $(-\pi/2, \pi/2)$ 到 $(-\pi, \pi)$ 的扩展，但相位解调结果仍然限制在 $(-\pi, \pi)$ 范围内，一旦实际的相位值超出范围，相位解调结果就将出现从 $-\pi$ 到 π 或从 π 到 $-\pi$ 的跳跃，相位不再是连续变化的，即出现相位卷绕现象。为解决相位卷绕问题，要进行相位解卷绕处理。由于相位解卷绕的目的是消除相位跳变，而这种跳变可以通过对相邻两点的相位解调结果之差与解卷绕阈值进行比较来判断，当相邻点相位差的绝对值大于解卷绕阈值时，说明存在相位卷绕，需要进行解卷绕处理；当相邻点相位差的绝对值小于解卷绕阈值时，不需要解卷绕处理。一般地，解卷绕阈值设为 π，假设一个探测脉冲对应得到的相位结果经扩展后为 $\varphi(z_n)$，z_n 表示第 n 个采样点对应传感光纤的位置，

即一次探测得到的传感光纤后向瑞利散射光相位，为完成相位卷绕的判断及解卷绕处理，首先要逐一对相邻位置的相位差绝对值$|\varphi(z_{n+1})-\varphi(z_n)|$与阈值 π 进行比较，如果超过 π，则进一步对 $\varphi(z_{n+1})-\varphi(z_n)$ 判断，如果其大于 π，则从 z_{n+1} 开始，之后的每一点相位都减去 2π，当小于 $-\pi$ 时，则 z_{n+1} 之后的每一点相位都加上 2π。通过上述的解卷绕方法，可实现对一次探测结果的相位解卷绕，即沿传感光纤位置的相位实现了解卷绕，但这并不能完全解决相位卷绕问题，因为对振动的还原是由振动位置的相位变化实现的，即需要多次探测的相位结果，而在同一位置的相位解调结果也存在相位卷绕问题。

假设传感光纤的某一位置发生扰动，扰动引入了大小为 φ_{v} 的相位变化，脉冲光经过振动位置后的某一时刻 t_0，根据上述分析，返回的后向瑞利散射光信号的相位 $\varphi'(t_0)$ 为

$$
\begin{aligned}
\varphi'(t_0) &= \arctan\left[\frac{Y(t_0)}{X(t_0)}\right] = \arctan\left[\frac{\displaystyle\sum_{m=1}^{N} a_m \sin(\omega\tau_m + \varphi_{\mathrm{v}})\mathrm{rect}\left(\frac{t-\tau_m}{w}\right)}{\displaystyle\sum_{m=1}^{N} a_m \cos(\omega\tau_m + \varphi_{\mathrm{v}})\mathrm{rect}\left(\frac{t-\tau_m}{w}\right)}\right] \\
&= \arctan\left[\frac{\displaystyle\sum_{m=1}^{N} a_m \mathrm{rect}\left(\frac{t-\tau_m}{w}\right)(\sin\omega\tau_m \cos\varphi_{\mathrm{v}} + \cos\omega\tau_m \sin\varphi_{\mathrm{v}})}{\displaystyle\sum_{m=1}^{N} a_m \mathrm{rect}\left(\frac{t-\tau_m}{w}\right)(\cos\omega\tau_m \cos\varphi_{\mathrm{v}} - \sin\omega\tau_m \sin\varphi_{\mathrm{v}})}\right] \quad (4\text{-}2\text{-}76)\\
&= \arctan\left[\frac{\sin[\varphi(t_0)+\varphi_{\mathrm{v}}]}{\cos[\varphi(t_0)+\varphi_{\mathrm{v}}]}\right] = \varphi(t_0)+\varphi_{\mathrm{v}}
\end{aligned}
$$

由式（4-2-76）的结果可看出，振动引入的相位变化调制到了振动位置后的后向瑞利散射光信号中，所以 t_0 时刻返回的后向瑞利散射光信号可表示为

$$
E_{\mathrm{bs}}(t) = E_{\mathrm{s}}(t_0)\cos[\omega t_0 + \varphi(t_0) + \varphi_{\mathrm{v}}] \quad (4\text{-}2\text{-}77)
$$

由于 φ_{v} 的大小与振动幅度成正比，所以通过对式（4-2-77）中的相位进行解调，便可得知振动信号的变化情况。但随着振动幅度的增大，φ_{v} 的变化范围会超出 2π 范围，可表示为 $\varphi_{\mathrm{v}}'+2k\pi$，$\varphi_{\mathrm{v}}'$ 在（$-\pi, \pi$）范围内，k 为整数，则后向瑞利散射光信号变为

$$
\begin{aligned}
E_{\mathrm{bs}}(t) &= E_{\mathrm{s}}(t_0)\cos[\omega t_0 + \varphi(t_0) + \varphi_{\mathrm{v}}' + 2k\pi] \\
&= E_{\mathrm{s}}(t_0)\cos[\omega t_0 + \varphi(t_0) + \varphi_{\mathrm{v}}']
\end{aligned} \quad (4\text{-}2\text{-}78)
$$

由式（4-2-78）可知，随着 φ_{v} 的增大，$E_{\mathrm{bs}}(t_0)$ 将随之周期性地变化，则由 $E_{\mathrm{bs}}(t_0)$ 解调出的相位也将在（$-\pi, \pi$）范围内周期性地变化，即发生相位模糊现象，导致解调的相位结果不能正确反映振动幅度和频率。针对这种情况，需要进一步对振动位置附近的相位进行解卷绕，即对同一位置随时间的相位变化进行相位卷绕判断和解卷绕处理。所以一个完整的解卷绕过程包括沿传感光纤的解卷绕（空间上的解卷绕）和同一位置相位随时间变化的解卷绕（时间上的解卷绕），最后才能得到实际的后向瑞利散射光信号的相位。

4.2.3.2　基于光混频器的 I/Q 相位解调

90° 光混频器（Optical Hybrid）是数字相干光检测的关键器件，作用是实现信号光与本振光同相和正交混频。具体实现方法有两种。一种基于空间光学原理，如图 4-2-12（a）所示。

本振光和信号光首先经过一个起偏器成为 45° 线偏振光，之后本振光经过 1 个 1/4 玻片成为圆偏振光。它们在偏振无关的 50:50 分束器中发生混频，之后分束器将 x 和 y 方向的光分离开来。可以用如下公式来表示这个混频过程。

信号光和本振光用琼斯矩阵表示为

$$\boldsymbol{E}_{\text{sig}} = \frac{\sqrt{2}}{2}\begin{bmatrix} E_{\text{S}} \\ E_{\text{S}} \end{bmatrix}, \boldsymbol{E}_{\text{LO}} = \frac{\sqrt{2}}{2}\begin{bmatrix} jE_{\text{L}} \\ E_{\text{L}} \end{bmatrix} \tag{4-2-79}$$

50:50 分束器的输出光场为

$$\frac{\sqrt{2}}{2}(\boldsymbol{E}_{\text{sig}} + \boldsymbol{E}_{\text{LO}}) = \frac{1}{2}\begin{bmatrix} E_{\text{S}} + jE_{\text{L}} \\ E_{\text{S}} + E_{\text{L}} \end{bmatrix}, \frac{\sqrt{2}}{2}(\boldsymbol{E}_{\text{sig}} - \boldsymbol{E}_{\text{LO}}) = \frac{1}{2}\begin{bmatrix} E_{\text{S}} - jE_{\text{L}} \\ E_{\text{S}} - E_{\text{L}} \end{bmatrix} \tag{4-2-80}$$

混频之后的分束器的输出光场为 E_1、E_2、E_3、E_4，90° 光混频器的传输矩阵为

$$\begin{bmatrix} E_1 & E_2 & E_3 & E_4 \end{bmatrix} = \frac{1}{2}\begin{bmatrix} E_{\text{S}} & E_{\text{L}} \end{bmatrix}\begin{bmatrix} 1 & 1 & 1 & 1 \\ 1 & j & -1 & -j \end{bmatrix} \tag{4-2-81}$$

另外一种 90° 光混频器的实现方法是基于平面光波导（Planar Lightwave Circuit，PLC）工艺的，其结构如图 4-2-12（b）所示，通过精确控制光经过光波导的光学相移来实现光学正交混频。图 4-2-13 所示为两种不同结构的商用 90° 光混频器，图 4-2-13（a）基于空间光学元件，图 4-2-13（b）基于集成波导方式。

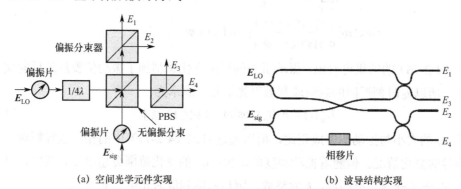

| （a）空间光学元件实现 | （b）波导结构实现 |

图 4-2-12　90° 光混频器的两种实现方法

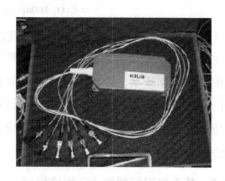

（a）Optoplex 90° 光混频器　　　　　　　（b）KyLia 90° 光混频器

图 4-2-13　两种不同结构的商用 90° 光混频器

而在 Hybrid 相位解调 φ-OTDR 领域，主要可分为外差检测与零差检测两大技术。

基于外差检测技术的 Hybrid 相位解调 φ-OTDR 系统结构如图 4-2-14 所示。系统中的激光器是窄线宽激光器，激光器输出的激光被 1:9 耦合器分成两路。90%端输出的连续光经过 AOM 调制成光脉冲，脉冲信号是由任意波形发生器提供的，光脉冲由环形器的 1 端口输入，由 3 端口输出后注入传感光纤。光脉冲在传感光纤的传播过程中发生瑞利散射，产生的后向瑞利散射光沿着光脉冲注入端传播，由环形器的 2 端口输入，由 3 端口输出并与耦合器 10%端输出的本振光在 Hybrid 中发生干涉，而且干涉过程中会引入相位差，即为正交分量 Q 路与同向分量 I 路之间的 90° 相位差，正交分量 Q 路与同向分量 I 路分别被两路通道的光电探测器转换为电压信号，然后数据采集卡（示波器）将其转换为数字信号。对采集到的数字信号经过处理后，即可得到在光脉冲中的被调制信号。

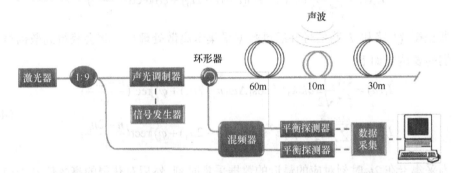

图 4-2-14　基于外差检测技术的 Hybrid 相位解调 φ-OTDR 系统结构

假设激光器输出的激光 E_L 的表达式为

$$E_L = E \cdot \exp[j(\omega_0 t + \varphi_0)] \tag{4-2-82}$$

激光器输出的激光通过耦合器 90%端后，忽略传输时间，再经过声光调制器转换为脉冲光，然后注入传感光纤，并在光纤中传播，其表达式为

$$E_F(t) = \sum_{t_0=0}^{nL/c} k_1 E \cdot \exp[j((\omega_0 + \Delta\omega)(t - t_0) + \varphi_0)]\mathrm{rect}(\frac{t - t_0}{w}) \tag{4-2-83}$$

式中，L 为光纤长度，n 为光纤的折射率，c 为真空中的光速，$\Delta\omega$ 为声光调制器引入的频率差，k_1 为耦合器与声光损耗的传输系数，w 为光脉冲的宽度，t 为脉冲光在光纤中的传播时间。若在 $t/2$ 时刻发生瑞利散射，则当瑞利散射光传输到 Hybrid 的输入端时，其表达式（忽略瑞利散射光的传输损耗）为

$$E_S(t) = \sum_{t_0=0}^{nL/c} a k_1 E \cdot \exp[j((\omega_0 + \Delta\omega)(t - 2t_0) + \varphi_0 + \varphi)]\mathrm{rect}(\frac{t - 2t_0}{w}) \tag{4-2-84}$$

式中，φ 为光纤受到外界作用而引入的相位，沿光纤具有累加效应，a 为光纤中的瑞利散射系数。此时，耦合器 10%端输出的激光的数学表达式为

$$E_C = k_2 E \cdot \exp[j(\omega_0(t - 2t_0) + \varphi_0)] \tag{4-2-85}$$

式中，k_2 为耦合器的分光系数。经过 90° 光混频器引入 90° 相移后，探测器获得 Q 路和 I 路信号，它们的光强表达式 $I_I(t)$、$I_Q(t)$ 如下

$$I_I(t) = \left| \frac{1}{2} E_S(t) + \frac{1}{2\sqrt{2}} E_C(t) e^{j\frac{\pi}{2}} \right|^2 - \left| \frac{1}{2} E_S(t) e^{j\frac{\pi}{2}} + \frac{1}{2\sqrt{2}} E_C(t) \right|^2$$

$$I_Q(t) = \left| \frac{1}{2} E_S(t) e^{j\frac{\pi}{2}} + \frac{1}{2\sqrt{2}} E_C(t) \right|^2 - \left| \frac{1}{2} E_S(t) e^{-j\frac{\pi}{2}} + \frac{1}{2\sqrt{2}} E_C(t) e^{j\frac{\pi}{2}} \right|^2$$

$$(4\text{-}2\text{-}86)$$

将式（4-2-84）和式（4-2-85）代入式（4-2-86），可以进一步化简，其结果为

$$I_I(t) = \sum_{t_0=0}^{nL/c} \frac{1}{\sqrt{2}} a k_1 k_2 E^2 \cos[\Delta\omega(t - 2t_0) + \varphi] \mathrm{rect}(\frac{t - 2t_0}{w})$$

$$I_Q(t) = \sum_{t_0=0}^{nL/c} \frac{1}{\sqrt{2}} a k_1 k_2 E^2 \sin[\Delta\omega(t - 2t_0) + \varphi] \mathrm{rect}(\frac{t - 2t_0}{w})$$

$$(4\text{-}2\text{-}87)$$

探测器获得 Q 路和 I 路信号并经过数据采集卡离散处理后，将会获得离散信号 $I_I(n)$ 和 $I_Q(n)$，它们的表达式如下

$$I_I(n) = \sum_{n_0=0}^{nL/c} \frac{1}{\sqrt{2}} a k_1 k_2 E^2 \cos[\Delta\omega(n - 2n_0) + \varphi] \mathrm{rect}(\frac{n - 2n_0}{w})$$

$$I_Q(n) = \sum_{n_0=0}^{nL/c} \frac{1}{\sqrt{2}} a k_1 k_2 E^2 \sin[\Delta\omega(n - 2n_0) + \varphi] \mathrm{rect}(\frac{n - 2n_0}{w})$$

$$(4\text{-}2\text{-}88)$$

式中，$2n_0$ 为采集卡在 $2t_0$ 时刻对应的最近的数据采集时刻，然后对获得的离散信号 $I_I(n)$ 和 $I_Q(n)$ 进行数字下变频和数字低通滤波（截止带宽 $<\Delta\omega$）处理，即可获得基带信号 $I_I^B(n)$ 和 $I_Q^B(n)$，其表达式如下

$$I_I^B(n) = \sum_{n_0=0}^{nL/c} \frac{1}{\sqrt{2}} a k_1 k_2 E^2 \cos(\varphi) \mathrm{rect}(\frac{n - 2n_0}{w})$$

$$= \frac{1}{\sqrt{2}} a k_1 k_2 E^2 w \cos(\varphi)$$

$$I_Q^B(n) = \sum_{n_0=0}^{nL/c} \frac{1}{\sqrt{2}} a k_1 k_2 E^2 \sin(\varphi) \mathrm{rect}(\frac{n - 2n_0}{w})$$

$$= \frac{1}{\sqrt{2}} a k_1 k_2 E^2 w \sin(\varphi)$$

$$(4\text{-}2\text{-}89)$$

进一步推导，可获得光强 $I(n)$ 和外界引入的相位 $\Delta\varphi$ 的表达式，其结果如下

$$I(n) = \sqrt{(I_I^B(n))^2 + (I_Q^B(n))^2}$$

$$= a k_1 k_2 E^2 w$$

$$\Delta\varphi = \arctan(\frac{I_Q^B(n)}{I_I^B(n)})$$

$$(4\text{-}2\text{-}90)$$

而基于零差检测技术的 Hybrid 相位解调 φ-OTDR 系统是在基于外差检测技术的 Hybrid 相位解调 φ-OTDR 系统基础上改进的，即在耦合器的 10% 端和 Hybrid 的本振输入端接入一个能够引入频移 $\Delta\omega$ 的声光调制器，该声光调制器被直流信号驱动。基于零差检测技术的 Hybrid

相位解调 φ-OTDR 系统结构如图 4-2-15 所示。

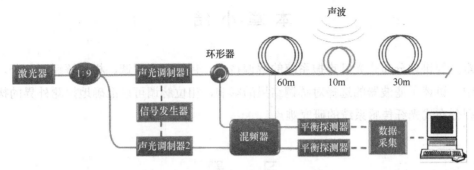

图 4-2-15　基于零差检测技术的 Hybrid 相位解调 φ-OTDR 系统结构

下面是基于零差检测技术的 Hybrid 相位解调 φ-OTDR 系统与基于外差检测技术的 Hybrid 相位解调 φ-OTDR 系统之间的数学推导，由声光调制器 2 输出的光信号接入到 Hybrid 的本振光的数学表达式，将式（4-2-85）改写为

$$E_C = k_2 E \cdot \exp[j((\omega_0 + \Delta\omega)(t - 2t_0) + \varphi_0)] \tag{4-2-91}$$

Q 路和 I 路信号的光强表达式，即式（4-2-87）将变为

$$
\begin{aligned}
I_I(t) &= \sum_{t_0=0}^{nL/c} \frac{1}{\sqrt{2}} ak_1 k_2 E^2 \cos(\varphi) \mathrm{rect}(\frac{t - 2t_0}{w}) \\
&= \frac{1}{\sqrt{2}} ak_1 k_2 E^2 w \cos(\varphi)
\end{aligned}
$$

$$
\begin{aligned}
I_Q(t) &= \sum_{t_0=0}^{nL/c} \frac{1}{\sqrt{2}} ak_1 k_2 E^2 \sin(\varphi) \mathrm{rect}(\frac{t - 2t_0}{w}) \\
&= \frac{1}{\sqrt{2}} ak_1 k_2 E^2 w \sin(\varphi)
\end{aligned}
\tag{4-2-92}
$$

数据采集卡采集到的离散信号 $I_I(n)$ 和 $I_Q(n)$ 的数学表达式如下

$$
\begin{aligned}
I_I(n) &= \frac{1}{\sqrt{2}} ak_1 k_2 E^2 w \cos(\varphi) \\
I_Q(n) &= \frac{1}{\sqrt{2}} ak_1 k_2 E^2 w \sin(\varphi)
\end{aligned}
\tag{4-2-93}
$$

采集到的离散信号为基带信号，不再需要进行数字下变频处理，可直接获得光强 $I(n)$ 和外界引入的相位 $\Delta\varphi$ 的表达式，其结果如下

$$
\begin{aligned}
I(n) &= \sqrt{(I_I(n))^2 + (I_Q(n))^2} \\
&= ak_1 k_2 E^2 w \\
\Delta\varphi &= \arctan(\frac{I_Q(n)}{I_I(n)})
\end{aligned}
\tag{4-2-94}
$$

无论是基于外差检测技术的 Hybrid 相位解调 φ-OTDR 系统，还是基于零差检测技术的 Hybrid 相位解调 φ-OTDR 系统，都是 DAS 系统，最终都要解调出相位 $\Delta\varphi$。

本 章 小 结

本章主要讲述分布式光纤声振系统的解调技术，包括强度解调、相位解调两部分。在强度解调中，讲述了滤波器的选择对解调结果的影响，相位解调可以准确地探测外界的扰动，是干涉型分布式光纤传感系统的研究难点。

习　　题

1．强度解调和相位解调的定义是什么？
2．滤波器有哪些分类？其本质区别是什么？
3．推导 3×3 解调法的解调相位 φ。
4．推导 PGC 解调法的解调相位 φ。
5．推导 I/Q 解调法的解调相位 φ。

参 考 文 献

[1] 方欣栋. 分布式光纤地震波传感系统及勘探应用研究[D]. 成都：电子科技大学，2018.

[2] B. Chu. Laser light scattering: basic principles and practice[M]. North Chelmsford：Courier Corporation，2007.

[3] 张晓峻，康崇，孙晶华. 3×3 光纤耦合器解调方法[J]. 发光学报，2013，34（5）：665-671.

[4] Koo K P, Tveten A B. Passive stabilization scheme for fiber interferometers using 3×3 fiber directional couplers[J]. Appl. Phys. Lett, 1982, 41(7): 616-618.

[5] Sheem S K, Giallorenzi T G, Koo K P. Optical techniques to solve the signal problem in fiber interferometers[J]. Appl. Opt, 1982, 21(4): 689-693.

[6] Jiang Y, Lou Y M, Wang H W. Software demodulation for 3×3 coupler based fiber optic interferometer[J]. Acta Photonica Sinica, 1998, 27(2): 152-155.

[7] Gao X M. Evolution of fiber optic hydrophones and hydrophone arrays[J]. Optical Fiber & Electric Cable and Their Applications, 1996, 29(1): 48-53.

[8] Sheem S K. Optical fiber interferometers with 3×3 direction couplers arrays[J]. Appl. Phys, 1982, 52(6): 1267-1277.

[9] Shen L, Ye X F, Li Z N. Research on demodulation of interferometric fiber optic hydrophone[J]. Semiconductor Optoelectronics, 2001, 22(2): 105-106.

[10] 吴锋，吴柏昆，余文志，等. 基于 3×3 耦合器相位解调的光纤声音传感器设计[J]. 激光技术，2016，40（1）：64-67.

[11] He J, Xiao H, Feng L. Analysis of phase characteristics of fiber Michelson interferometer based on a 3×3 coupler[J]. Acta Optica Sinica, 2008, 28(10): 1868-1873.

[12] 洪广伟，贾波，华中一. 一种基于 3×3 耦合器构造干涉仪的被动解调新方法[J]. 仪器仪表学报，2006，27（004）：341-344.

[13] 叶有祥，周盛华. 基于 LabVIEW 的 PGC 零差检测技术研究[J]. 光学仪器，2018，40（01）：19-23.

[14] 岳士举. 大动态范围光纤水听器 PGC 解调方案的研究[D]. 哈尔滨：哈尔滨工程大学，2006.

[15] 贺梦婷，庞拂飞，梅烜玮，等. 基于 IQ 解调的相位敏感 OTDR 的研究[J]. 光通信技术，2016（40）：26.

[16] 王旭. 分布式光纤振动传感系统相位解调方法的研究与改进[D]. 长春：吉林大学，2018.

[17] 冯勇. 数字相干光检测研究与应用[D]. 北京：清华大学，2010.

[18] 王松. 数字信号处理对分布式光纤传感系统性能提升的研究[D]. 成都：电子科技大学，2016.

第5章 模式识别在分布式光纤声振技术中的应用

内容关键词

- 信号特征、信号特征提取
- 入侵信号分类算法

一般来讲，模式识别就是利用计算机及相应的处理方法，对研究对象进行分类识别，把属性特征相同或类似的对象划为一类。在利用计算机进行识别之前，需要将待分类的识别对象的特征信息输入计算机。广义上讲，能够代表待测对象的就是模式，对待测对象的数学抽象即称为该对象的模式。我们对这些对象进行建模、数学抽象等来获得这些信息，这种用来代替识别对象的描述也可以被认为是模式。任何对象的模型、图案、模范、典型等都在模式的范畴内。模式具有深刻的内涵，又有广泛的延拓，从日常书写的文字、肉眼看到的图像，到自然界中的物理现象，都可以进行数学抽象。对这些对象进行测量，获取表征它们特征的一组或多组数据，并将数据用矢量表示，以方便使用，这组矢量被称为特征向量。可以通过测量来获得特征向量，也可以利用待测对象本身具有的基本属性作为基元来表示特征向量。利用计算机强大的计算能力，输入待测对象的特征向量，运用适合的算法来分析它的模式种类，目的是使得计算机的判别结果靠近事实。模式识别按照处理问题的性质的不同，可以分为两大类：有监督的分类、无监督的分类。其中，有监督的分类需要提供大量已知的标准样本，用于学习和训练，无监督的分类则不需要。

在众多领域中已经开展了模式识别理论和技术的应用，为大众所熟知的成功应用有指纹识别、文字与语音识别、武器制导系统等。目前科技发展都趋于智能化，人工智能已被广泛认为是下一个创新前沿，模式识别是其中一个重要的分支。虽然目前人工智能的程度较人脑有很大差距，但随着理论的发展，模式识别的可靠性不断提高，应用也会更加广泛。

迄今为止，分布式光纤声振技术已得到长足发展，国内外相关领域的专家已提出很多针对性能提升的报道和针对实际应用的行之有效的解决方案。但是，有关不同入侵事件分类的研究仍然是一项有待深入研究的课题，仍然没有一种方案能够具有对不同入侵事件分类的较好的准确性和高效性。

现今常见的入侵事件分类识别方法均是利用不同的特征提取方法与分类算法完成的。这些方法首先通过信号预处理，从不同扰动事件的光纤干涉振动信号中提取特征向量，再将所得特征向量送入事件分类器中进行训练。当未知种类的入侵事件再次发生时，其干涉信号的特征向量被送入已经经过训练的分类器中，以便准确、快速地识别事件所属的类型。入侵事件识别流程图如图 5-1-1 所示。一般来说，未处理的振动信号有很大的数据量（本章实验中，每秒的信号采样点个数将达 100M，$1M=10^6$），我们希望寻找一个可以将各类入侵事件进行区分的短特征向量，其在实现事件分类功能的同时尽可能地精练，以适合实际工程需求。

图 5-1-1　入侵事件识别流程图

5.1　入侵信号特征提取

正确选择有效的信号特征提取方法，可提高分布式光纤扰动传感系统的模式分类结果的正确率，显著提高系统的处理效率。根据实际应用需求的不同，Φ-OTDR 系统的扰动信号的类型也有差别。因此，对于 Φ-OTDR 系统，扰动信号的特征提取方法需要结合实际应用进行合理选取。

用于光纤扰动信号模式识别的特征应具备以下 4 个条件。

（1）特征应具备普遍性，同一特征能够反映不同类型事件间的模式差异。

（2）特征应具备唯一性，不同的事件应具备区别于其他类型事件的专有特征，避免事件属性的重叠。

（3）特征应具备稳定性，特征不随应用环境、运行时间、样本数量等因素的变化而发生变化。

（4）特征应能够进行数字量化处理，以方便进行数字化处理和对扰动信号的定量分析。

Φ-OTDR 系统对扰动信号的特征划分的具体思路如下：根据实际应用所关心的已知类型的扰动信号进行样本数据的采集；再选取适合的特征提取方法，对样本数据进行处理，选择区分度较高的属性值作为光纤扰动信号的特征，并将所对应的特征分类依据作为后续信号特征分类的依据；在实际应用中，对已具备模式特征的扰动事件进行分类，最终达到模式识别的目的。目前使用较广泛的特征提取方法主要有 3 类：时域特征、频域特征和时频域特征，下面分别对 3 种不同的特征进行简要介绍。

5.1.1　时域特征

光纤信号的时域分析方法的原理是：各种类型的光纤传感信号在经过大量的重复实验后，其时域特征会符合某种统计规律。根据统计特性的差别，可用光纤传感信号的时域特征量来区分光纤传感信号中含有振动信号的振动段和不含有振动信号的无振动段，进一步通过不同类型的光纤振动信号来识别振动行为类型。

常见的时域参数有数据统计量（如平均值、方差和均方差、波形因子、扰动持续时间），还有短时能量、短时过零率、短时平均幅度、翘度等参数。这一类基本的短时时域参数在各种光纤传感信号的数字处理中都有应用的价值，其短时的意义在于，对信号时域特征的提取都是在分侦之后对侦信号进行的，对于短时的侦信号，可以近似认为是平稳的。

5.1.1.1　数据统计量

1. 平均值

反映同一时间段内数据的平均程度，还可以用其进行不同时间段内数据的对比与分析，数学表达式为

$$E_{\text{ave}} = \frac{1}{n}\sum_{i=1}^{n} x(i) \qquad (5\text{-}1\text{-}1)$$

式中，n 为某一时间段内采集的数据点数，$x(i)$ 为 i 点的信号在时域上的幅值。依据不同扰动事件引起的散射光强的变化的不同来进行扰动信号的区分，具有直观、简明的数据特征，但其可靠性差。

2. 方差和均方差

方差和均方差反映的是组内随机变量的离散程度。在 Φ-OTDR 系统中，方差 $D(x)$ 可用于表示扰动所引起的检测信号的波动情况和离散程度，均方差 ∂ 与方差具有相同的量纲，具有相同的作用，其数学表达式为

$$D(x) = \partial^2 = E\{[x(i) - E_{\text{ave}}]^2\} = \frac{1}{n}\sum_{i=1}^{n}[x(i) - E_{\text{ave}}]^2 \qquad (5\text{-}1\text{-}2)$$

时域内采集的数据变化越小，方差或均方差的数值越小；时域内采集的数据变化越大，方差或均方差的数值越大。方差或均方差数值的大小可作为外界扰动信号的特征，其算法实现简单且执行效率较高。

3. 峰均比

峰均比是指信号的峰值与其有效功率的比值，即最大幅度与平均幅度的比值。对于长度为 N 的信号序列 $x(n)$ 来说，峰均比可表示为

$$R_{\text{par}} = \frac{\max\left(\left|x(n)\right|\right)\cdot N}{\displaystyle\sum_{n=1}^{N} x(n)} \qquad (5\text{-}1\text{-}3)$$

弱扰动信号大部分是由周围环境引起的，对于这种持续性的微弱干扰，一般将其当作噪声处理。峰均比可以有效地区分这类噪声干扰信号和入侵信号，因为这类噪声干扰的幅度一般比较稳定，无突出尖峰，故峰均比较小。而当存在入侵时，会产生幅度较大的峰值，峰均比会急剧增大。因此，峰均比可用于识别环境中存在的持续性稳定噪声干扰和入侵信号。

4. 波形因子

波形因子是均方差 ∂ 与平均值 E_{ave} 的比值，其数学表达式为

$$W_{\text{factor}} = \frac{\partial}{E_{\text{ave}}} \qquad (5\text{-}1\text{-}4)$$

各个观测值的变异程度能有效地反映信号的短期变化，从而可作为 Φ-OTDR 系统判别不同扰动信号的特征值。

5. 扰动持续时间

无扰动时，传感光纤监测点在时域上的幅值变化较为平缓，当扰动作用于监测点时，时域上的幅值发生瞬时突变，通过与既定阈值进行比较，可对扰动作用于传感光纤的持续时间进行计算。根据扰动持续时间的长短，可以区分扰动的类别，体现扰动信号的时域特性，但算法在实际应用中的可靠性较差。

5.1.1.2　短时平均能量和短时平均幅度

假设 Φ-OTDR 光纤传感的时域信号为 $x(l)$，加窗分帧后得到的第 n 帧光纤传感信号为 $X_n(m)$，则 $X_n(m)$ 满足

$$x_n(m) = w(m) * X(n+m) \qquad 0 \leqslant m \leqslant N-1 \qquad (5\text{-}1\text{-}5)$$

式中，$w(n)$ 为所选取的窗函数，$n=0,T,2T,\cdots$；N 为帧长；T 为帧移长度。在采集过程中，信号本身就是分段处理的，相当于使用矩形窗对信号进行了连续分段分帧处理。

1. 短时平均能量

短时平均能量是基于信号的振幅确定的一个时域特征参量。当存在入侵时，安防系统中光纤振动信号的幅值会突然增大，短时间内信号的平均能量会急剧增大，故短时平均能量可以作为判断系统是否存在入侵的一个依据。用 $E(n)$ 表示第 n 帧光纤时域信号 $x(m)$ 的短时能量，则其计算方法为

$$E(n) = \sum_{m=-\infty}^{+\infty} \left[x(m)\omega(n-m) \right]^2 = \sum_{m=n-(N-1)}^{n} \left[x(m)\omega(n-m) \right]^2 \qquad (5\text{-}1\text{-}6)$$

式中，$\omega(n-m)$ 为加在信号上的窗函数；N 为窗函数的长度。窗函数内的信号可以表示为 $x_n(m) = x(m)\omega(n-m)$，则式（5-1-6）可改写为

$$E(n) = \sum_{m=n-(N-1)}^{n} \left[x_n(m) \right]^2 \qquad (5\text{-}1\text{-}7)$$

该式可以视为通过一个窗函数截取一段很短时间内的信号函数，然后求其平方和，即得到其短时平均能量。由于短时平均能量是对信号的幅度求平方，这样会使得高、低频信号之间的差异进一步扩大，因此在环境噪声较小时，其对振动信号的识别结果比较准确，而在环境噪声比较大的情况下，其对振动信号的识别结果的准确率低。当某一个数据采集点出现失真，信号值严重偏差时，将对短时平均能量产生巨大的影响，因此有时需要先使用奇异点检测和排除失真点。

2. 短时平均幅度

为了解决短时平均能量的由平方运算所带来的高电平敏感性问题，可采用的另一个信号幅度度量参数为短时平均幅度 $A(n)$，它的表达式为

$$A(n) = \frac{1}{N} \sum_{m=0}^{N-1} |X_n(m)| \qquad (5\text{-}1\text{-}8)$$

短时平均幅度 $A(n)$ 也可以反映信号能量的大小，它的优点是没有平方计算，因此不会对高电平或失真的采样点过于敏感。其缺点是难以区分信号能量差异不大的信号，对比较微弱的振动信号的检测灵敏度较低。

5.1.1.3　短时过零率和短时过电平率

帧信号的短时过零率和短时过电平率是该帧信号的时域波形穿越某一横轴的次数，用来表示短时的帧信号在假定平稳的条件下上、下振动的频率，可以体现帧信号的细节信息。

1. 短时过零率

短时过零率是表示帧信号的波形在零电平附近上、下波动的频率的特征量。过零率是信号处理中最简单的特征参数之一，对于连续信号，过零的意义是时域波形上、下穿过时间轴；对于离散信号，当相邻两个数据采样点的符号发生改变时，则可认为是过零。对于光纤传感信号来说，当相邻两点幅值符号变化时，即可记为一次过零。

光纤帧信号 $X_n(m)$ 的短时过零率 $Z(n)$ 为

$$Z(n) = \frac{1}{2N} \sum_{m=0}^{N-1} |\operatorname{sgn}[X_n(m+1)] - \operatorname{sgn}[X_n(m)]| \tag{5-1-9}$$

式中，sgn 是符号函数，即

$$\operatorname{sgn}[X(n)] = \begin{cases} 1, & x(n) \geqslant 0 \\ -1, & x(n) < 0 \end{cases} \tag{5-1-10}$$

在安防系统中，当不存在入侵时，光纤中的振动信号变化相对平稳，同等时间长度内信号的过零率基本不变，且数值不大。当有入侵发生时，光纤中的振动信号变化突然加剧，同等时间长度内的信号过零率将显著增大。在实际求解过零率时，需要先使信号的振动围绕在零电平轴进行。为了解决这个问题，可以采用去直流偏置的方法，也可以采用高通滤波的方法。由于光纤传感信号会受到环境中的慢变化因素的影响，在不进行滤波的情况下，时域波形除在细节处有振动外，整体上会出现"涨落"现象，因此在进行过零分析之前，需用 FIR 滤波器对信号进行预加重，滤除帧信号中的直流分量和慢变化干扰，以获得准确的过零率。

2. 短时过电平率

短时过零率可以反映帧信号的振动频率，但不能反映帧信号的幅值信息，为此可以使用短时过电平率对帧信号的时域信息进行综合分析。

短时过电平率为帧信号的时域波形穿越某一电平值的次数。假设光纤帧信号 $X_n(m)$ 的短时过电平率为 $L(n)$，则计算公式为

$$L(n) = \frac{1}{2N} \sum_{m=0}^{N-1} |\operatorname{sgn}[X_n(m+1) - a] - \operatorname{sgn}[X_n(m) - a]| \tag{5-1-11}$$

式中，a 为设定的电平门限值，该值是根据静音段信号 X_{silent} 的短时平均幅值来设定的。

$$a = \alpha \sum_{n \in X_{silent}}^{10} |A(n)| \tag{5-1-12}$$

式中，a 为人工设定的限值系数，通常为 3.0～4.0。

一种基于短时过电平率改进的短时时域特性参数被称为过双电平率，设置上、下双电平门限值，统计帧信号穿越上、下电平的次数，将短时过上电平率和短时过下电平率相乘，即得到短时过双电平率。对于光纤帧信号 $X_n(m)$，其短时过双电平率 $L_d(n)$ 为

$$L_d(n) = L_{up}(n) \times L_{down}(n) \tag{5-1-13}$$

式中，$L_{up}(n)$ 和 $L_{down}(n)$ 分别为短时过上电平率和短时过下电平率，其计算过程为

$$L_{up}(n) = \frac{1}{2N} \sum_{m=0}^{N-1} |\mathrm{sgn}[X_n(m+1) - a_{up}] - \mathrm{sgn}[X_n(m) - a_{up}]| \tag{5-1-14}$$

$$L_{down}(n) = \frac{1}{2N} \sum_{m=0}^{N-1} |\mathrm{sgn}[X_n(m+1) - a_{down}] - \mathrm{sgn}[X_n(m) - a_{down}]| \tag{5-1-15}$$

式中，$a_{up} = a$ 为上电平门限值，$a_{down} = -a$ 为下电平门限值。

5.1.2　频域特征

在光纤传感信号中，噪声信号和振动信号及不同振动信号之间的频谱分布差异是很大的。通常来说，背景噪声是宽带的，其频谱的各频带之间的变化很平缓，这种噪声也叫作白噪声。而振动信号则是"有色"的，其频谱的各频带之间的变化相对剧烈。另外，在光纤传感信号的采集过程中，采集设备导致的高次谐波失真会引入相应的高次谐波噪声，因此可以通过信号的频谱特征来区分噪声信号和振动信号。

对于不同类型的光纤振动信号，其频带的变化分布同样也存在差异，可以根据频域特征进行区分。

5.1.2.1　快速傅里叶变换

在 Φ-OTDR 系统中，瑞利后向相干散射光返回信号在 $0 \leqslant n \leqslant N-1$ 区间上是有限长周期序列 $x(n)$，其离散时间傅里叶变换为 $X(\mathrm{e}^{j\omega})$，通过在 ω 轴上（$0 \leqslant \omega \leqslant 2\pi$）对 $X(\mathrm{e}^{j\omega})$ 进行均匀采样，可得到有限长周期序列 $x(n)$ 的离散傅里叶变换

$$X(k) = X(\mathrm{e}^{j\omega}) \Big|_{\omega = 2\pi k/N} = \sum_{n=0}^{N-1} x(n) \mathrm{e}^{-j2\pi kn/N}, 0 \leqslant k \leqslant N-1 \tag{5-1-16}$$

式中，采样点为 $\omega_k = 2\pi k/N$，通过 DFT 变换可以将外界扰动信号的时域内离散信号转换为频域内的离散周期信号，使其频谱具有离散性和收敛性的特点，进而提高了上位机软件的处理效率，降低了数据处理难度。FFT 即快速傅里叶变换，是 DFT 变换的快速算法，它是根据 DFT 变换的奇、偶、虚、实等特性，对离散傅里叶变换的算法进行改进而获得的，其特征提取流程图如图 5-1-2 所示。在 FFT 过程中假设信号是平稳的，在整体上将信号分解为不同的频率分量，而传感光纤实际所检测的扰动信号是随机、非平稳的，采用 FFT 变换所得到的信息缺乏局域性，不能确定频率分量与时间的对应关系。

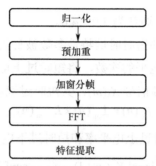

图 5-1-2　FFT 特征提取流程图

具体步骤如下。

（1）预加重。由于实际的安防环境复杂多变，信号在获取和传输的过程中受外界因素的干扰，会含有大量噪声。为了保障后续处理工作的顺利，需要对信号进行去噪处理，滤除噪声的干扰，最大限度地保留原始信号信息。预加重通常使用具有 6dB/倍频程的 1 阶数字滤波器来实现，如下

$$H(z) = 1 - \mu z^{-1}$$

（5-1-17）

式中，μ 为常数，通常取 0.97。

（2）加窗分帧。虽然振动信号是非线性时变信号，但它在短时间内可以被认为是平稳的，对其进行分帧可以提取其短时特性。选取 N 个连续采样点作为一个观测单位，即 1 帧，N 值一般为 256 或 512，即帧长为 256 或 512。为了避免帧与帧之间的特性变化过大，帧移通常取帧长的 1/2，即相邻帧之间有 1/2 的重叠数据。为了进行短时分析，必须通过加窗处理来选取窗口内的振动信号，窗口外的振动信号为 0，窗口内的那部分信号可以被认为是短时平稳的。常用的窗函数主要有矩形窗、汉宁窗和海明窗，3 种窗函数各有优缺点。矩形窗的频谱平滑性能很好，但是旁瓣较高，这使得变换过程中会存在高频干扰，易造成频谱泄漏。汉宁窗同矩形窗相比，优点是能够消除高频干扰，缺点是其衰减得很快，频率分辨率不如矩形窗。海明窗与汉宁窗的不同点在于其权重，海明窗的权重使其具有更低的旁瓣高度和平滑的低通特性，故而海明窗的应用更广泛，只要将 1 帧的振动信号乘以海明窗，即可使得帧左端与右端的连续性增强。使用海明窗作为窗函数，其表达式为

$$\omega(n) = \begin{cases} 0.54 - 0.46\cos\left(\dfrac{2\pi n}{N-1}\right), 0 \leqslant n \leqslant N-1 \\ 0, 其他 \end{cases}$$

（5-1-18）

（3）由于 FFT 的振动信号在时域上的变化快速且不稳定，因此有时难以从时域上对其进行识别，所以必须将经过加窗处理后的振动信号再经过 FFT 转换到频域来观察其能量分布，不同的能量分布代表不同的振动特性。

（4）特征提取。观察经过 FFT 后的每一帧频谱图，可以发现其能量主要集中在某一段频率范围内，如图 5-1-3 所示（其中 x 轴表示采样点数，y 轴表示对应点数的幅值）。

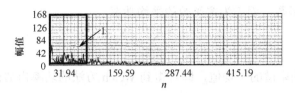

图 5-1-3　FFT 频谱图

因此，可以截取能量主要集中的频率段，计算该段范围内的频率和，对于图中方框与曲线相交部分（区域 1）的面积，将该频率记为特征值 F_{freq}，则该值可以作为振动信号的一个特征值进行分析。

5.1.2.2　功率谱估计

随机信号没有边际且其能量是无限的，因此不满足傅里叶变换所需的绝对可积的条件，需要研究其在频谱上的功率分布情况，即功率谱。信号的功率谱表示在单位频带范围内的信号功率随频率的变化，也就是说，它反映了信号在频域中的功率分布情况。功率谱分析是指在数据有限的情况下计算信号的频率成分，表征随机信号在频谱上的统计特性。

对于语音信号等需要分帧分析的信号，基本的功率谱分析方法是直接法，也叫作周期图法。根据维纳–欣钦（Wiener-Khinchine）定理，信号的功率谱估计等于信号自相关函数的傅里叶变换

$$P_{xx} = \sum_{m=-\infty}^{\infty} r_{xx}(m)e^{-i2\pi fm} \tag{5-1-19}$$

式中，r_{xx} 表示自相关函数

$$r_{xx} = \lim_{N \to x} \frac{1}{2N+1} \sum_{n \to -N}^{N} x(n)x(n+m) \tag{5-1-20}$$

当 m 足够大时，信号中的随机噪声的自相关函数值为 0。又因为随机信号与有效信号是互不相关的，故两者的互相关函数值也为 0。所以对含有随机噪声的信号做相关处理，可以滤除噪声成分，从而得到有效信号的功率谱。

Schuster 于 1899 年提出了经典的谱估计方法，又称为周期图法。对于 N 个采样点的信号，其周期图法可表示为

$$P_{xx}(f) = \frac{1}{N} | \sum_{m=0}^{n-1} x(m)e^{-j2\pi fm} |^2 = \frac{1}{N} | X(f) |^2 \tag{5-1-21}$$

周期图法是非参数谱估计方法的基础。由于用周期图法得到的功率谱只是对真实功率谱的无偏估计，因此信号本身具有的随机性和有限长的属性使得从不同记录中得到的信号的频谱与信号的平均频谱具有明显的差异性。所以周期图法的方差性能并不好，解决这一问题的一种方法是采用基于加权交叠平均思想的改良型功率谱估计法，即 Welch 方法。

Welch 方法的基本思想是：将一个数据长度为 L 的信号 $x(l)$ 分成 l 个相互重叠且单个数据长度为 N 的信号帧，并对每个信号帧进行加窗处理。第 i 帧信号 $X_i(m)$ 的功率谱为

$$\hat{P}_{xx}^{(i)} = \frac{1}{NU} | \sum_{m=0}^{N-1} X_i(m)e^{-j2\pi fm} \tag{5-1-22}$$

这里，$w(m)$是窗函数，而U为窗函数的平均功率

$$U = \frac{1}{N} \sum_{m=0}^{N-1} w^2(m) \qquad (5\text{-}1\text{-}23)$$

求取I帧信号的功率谱的平均值，即可得到 Welch 方法的功率谱估计。

5.1.2.3 频带方差分析方法

由于 **Φ-OTDR** 型光纤传感信号的噪声信号属于宽带噪声，而振动信号的能量在频谱的不同频带上的分布是有差异的，因此可以通过分析信号的频带分布特性对信号进行检测和识别。

首先，定义一个频域特性参量来表征这一特性，根据定量计算原理，把这个参量称为频带方差。由于系统是时变非稳态的，因此需要先对信号进行加窗分帧处理，再求取短时的帧信号的频带方差，实质上就是计算某一帧信号的各频带能量之间的方差，其计算过程如下。

按照式（5-1-22）的方法，计算帧信号$X_i(m)$的周期图法功率谱$P_i(f)$。定义一个矢量$\boldsymbol{P}=\{P(\omega_1), P(\omega_2),\cdots, P(\omega_n),\cdots, P(\omega_N)\}$，其中的分量$P(\omega_n)$定义为信号经带通范围为$\omega_n$的滤波器的输出功率，其计算方法如下

$$P(\omega_n) = \sum_{f \in \omega_n} P_i(f) \qquad (5\text{-}1\text{-}24)$$

而子频带ω_n是将整个频带均分成N个频率分量后所截取的第n个频率分量。定义频带均值为

$$E = \frac{1}{N} \sum_{n=0}^{N} P(\omega_n) \qquad (5\text{-}1\text{-}25)$$

则频带方差为

$$D = \frac{1}{N} \sum_{n=0}^{N} [P(\omega_n) - E]^2 \qquad (5\text{-}1\text{-}26)$$

5.1.2.4 Mel 倒谱系数特征提取

语音信号是一种典型的非平稳信号，具有长时非平稳性、不连续性、短时平稳性等特性，同为非平稳信号的光纤振动信号具有很多与之类似的特点。Mel 倒谱系数根据人耳的听觉特性来分析语音信号的倒谱，具有较高的识别率与较好的鲁棒性。借鉴语音信号的这一经典的特征提取方法，将光纤振动信号作为一种"特别"的语音信号进行处理，提取其 Mel 倒谱系数。

人耳对不同频率的声音的感知度不同，听到的声音频率与其实际的物理频率间的对应关系并不是线性的，过高或过低的物理频段的声音对于人来说很模糊。人耳所能清晰感知的声音频率集中在 200～5000Hz 范围内，根据这种特性，在 1000Hz 以下感知频率与物理频率近似为线性关系，而在 1000Hz 以上则近似为对数关系。根据这一对应结构，人们设计出一种类似于耳蜗的滤波器组，这就是 Mel 滤波器组，通过它可以将线性频率转换为符合人耳感知的 Mel 频率

$$\mathrm{Mel}(f) = 2595 \times \lg\left(1 + \frac{f}{700}\right) \tag{5-1-27}$$

Mel 倒谱系数（Mel-scale Frequency Cepstral Coefficients，MFCC）特征的提取，就是将语音信号的线性频谱经过运算变成 Mel 刻度的频谱后，转换成倒谱系数。光纤振动信号的 MFCC 特征的提取流程图如图 5-1-4 所示。

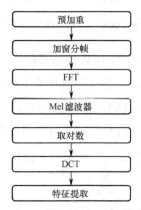

图 5-1-4　光纤振动信号的 MFCC 特征的提取流程图

根据图 5-1-4 的流程图，将光纤振动信号 MFCC 特征的具体计算过程归纳如下。

（1）FFT 之前是直接分析频谱，截取频率提取特征参量。

（2）计算线性频谱。将帧信号 $x_i(n)$ 进行 FFT 变换得到频谱

$$X(k) = \sum_{n=0}^{N-1} x(n)\mathrm{e}^{-\mathrm{j}2\pi kn/N}, \quad 0 \leqslant k \leqslant N-1 \tag{5-1-28}$$

此处 N 为 FFT 变换的长度。

（3）将能量谱通过滤波器组并取对数得到 Mel 频谱。计算 $X(k)$ 幅度的平方，在求得能量谱后，将其通过一组 Mel 尺度的三角形滤波器组，在频域对能量谱进行带通滤波。Mel 滤波器组由光纤振动信号频谱范围内的若干带通滤波器 $H_m(k)$ 组成，一般有 12～24 台滤波器，当个数为 24 时，Mel 滤波器组的频率响应如图 5-1-5 所示。

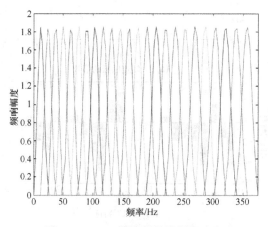

图 5-1-5　Mel 滤波器组的频率响应

能量谱通过第 m 个 Mel 尺度滤波器并对输出求对数后，得到对数能量为

$$S(m) = \ln\left(\sum_{k=0}^{N-1} |X(k)|^2 H_m(k)\right), 1 \leqslant m \leqslant M \qquad (5\text{-}1\text{-}29)$$

（4）散余弦变换求倒谱系数。将 Mel 频谱变换到时域，就可得到 MFCC 参数。由于 Mel 频谱系数均为实数，因此可用离散余弦变换（Discrete Cosine Transform，DCT）对其进行变换

$$C(i) = \frac{1}{M}\sum_{m=0}^{N-1} S(m)\cos\left[\pi i (m - 0.5)/M\right], 1 \leqslant m \leqslant M \qquad (5\text{-}1\text{-}30)$$

DCT 还可减小特征维数，因为 DCT 可以使信息集中到低频系数中，因此本书取前 12 个 MFCC 参数作为光纤振动信号的特征。通常不取 0 阶倒谱系数，因为它反映的是频谱能量。

（5）求差分倒谱系数。标准的 MFCC 参数反映的是信号的静态特性，而提取信号的动态特性对信号的分类识别也很有益处。信号的动态特性可以利用差分倒谱系数来进行描述

$$D(i) = \frac{1}{\sum\limits_{j=-k}^{k} j^2}\sum_{i=-k}^{k} j \cdot C(i + j) \qquad (5\text{-}1\text{-}31)$$

式中，k 为常数，表示一阶导数的时间差，通常可取 1 或 2。这时得到的 $D(i)$ 就是一阶 MFCC 差分系数，维数与 $C(i)$ 相同。将 MFCC 参数与其一阶差分系数合并，可得到一个 24 维的特征向量，这个向量即为想要提取的帧信号 $x_i(n)$ 的 MFCC 特征。

使用 MFCC 特征提取法对光纤振动信号进行特征提取的结果如图 5-1-6 所示。图中的信号为对光纤振动信号进行分帧后的其中一帧，故其长度为帧长，即 32 采样点，并且该帧为经过端点检测后提取的包含振动片段的帧信号，它对应的 MFCC 特征为有效特征，是最终 MFCC 特征的一部分。

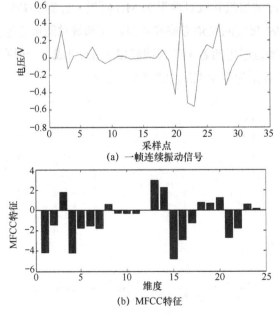

(a) 一帧连续振动信号

(b) MFCC 特征

图 5-1-6　一帧连续振动信号及其对应的 MFCC 特征

5.1.3　时频域特征

从频域特征中我们知道傅里叶变换可以把时间和频率联系起来，在时域难以观察的现象和规律，在频域往往能十分清楚地显示出来。傅里叶变换给出了信号的整体频率度量，但傅里叶频谱不包含任何频率随时间变化的信息，并且只在极为严格的条件，即所分析系统须为线性、数据须具有严格周期性或平稳性的条件下，才能得出正确合理的结果。

在实际使用中，有效的显示信号通常是时变的、非稳态的，这意味着常规的 FFT 方法不能揭示信号的固有特征。因此，非稳态的信号处理方案对光纤传感信号的处理十分重要。时频联合分析方法既能描述信号的时域特征，又能表现信号的频域特征，得到信号的时频变化信息[1]。自 20 世纪 80 年代以来，时频联合分析技术在信号处理方面有了深入的发展，划分出了很多不同的方法，形成了完整的理论体系。总体来说，信号的时频分析方法可主要分为两类：线形时频分布和二次时频分布。其中，信号的线性时频分布方法主要有短时傅里叶变换、Gabor 展开、小波变换、经验模态分解等；二次时频分布主要有 Wigner-Ville 分布和 Cohen 类时频分布等。但由于二次时频分布采用了双线性变换而不是线性变换，因此对于多分量信号而言有严重的交叉项干扰，即使采取措施抑制了干扰项，这种做法也会降低信号的时频分辨率。

5.1.3.1　短时傅里叶变换

傅里叶变换（Fourier Transform）是短时傅里叶变换（Short-Time Fourier Transform，STFT）的基础，作为信号分析的重要方法，傅里叶变换有很多局限性：（1）傅里叶变换只能对信号的频率成分进行分析，而不能反映频率随时间的变化情况，缺乏频率和时间的定位功能；（2）傅里叶变换不能分析非平稳信号。

非平稳信号在长时间尺度下表现出明显的时变特征，当其观测时间较短时，信号近似为平稳的。短时傅里叶变换的思想是将非平稳信号视为一组短时平稳信号，其短时性的实现方法是利用窗函数进行信号的截断，通过函数参数的变换实现窗函数的平移，并实现对时间的遍历。

对于信号 $f(t)$，短时傅里叶变换可以定义为[2,3]

$$\mathrm{STFT}_f(\omega,\tau) = \int_{-\infty}^{\infty} f(t)W(t-\tau)\mathrm{e}^{-\mathrm{j}\omega t}\mathrm{d}t \tag{5-1-32}$$

式中，$W(t-\tau)$ 为窗函数，以时间 t 为中心，在窗口范围内信号被认为是平稳的。短时傅里叶变换可视为中心频率为 f 的被调制的带通滤波器组。$\mathrm{STFT}_f(\omega,\tau)$ 不仅反映了原信号的总体信息随窗函数在时间轴上的滑动，也在一定程度上反映了信号的局部信息。对于一个特定时刻 t，$\mathrm{STFT}_f(\omega,\tau)$ 可被视为该时刻的频谱信息。当然，对给定的窗函数来说，其时域分辨率与频域分辨率会有一定限制。只有当窗函数在时域及频域范围内都具有较好的集中性（在窗口外区域内迅速降为 0 或接近 0）时，变换结果所得的信息才准确[4]。

函数分段后对每一段加窗函数再进行傅里叶变换，由此可以得到该段的频谱，通过改变时间 t 就可以获得信号关于时间-频率的二维函数[5]。短时傅里叶变换的时间分辨率可以表达为

$$\Delta t^2 = \frac{1}{E} \int_{-\infty}^{\infty} t^2 |f(t)|^2 \, \mathrm{d}t \tag{5-1-33}$$

频率分辨率可以表达为

$$\Delta t^2 = \frac{1}{2\pi E} \int_{-\infty}^{\infty} \omega^2 |F(\omega)|^2 \, \mathrm{d}\omega \tag{5-1-34}$$

在时间分辨率和频率分辨率中，E 为信号的能量，可以表达为

$$E = \int_{-\infty}^{\infty} |F(t)|^2 \, \mathrm{d}t = \frac{1}{2\pi} \int_{-\infty}^{\infty} |F(\omega)|^2 \, \mathrm{d}\omega \tag{5-1-35}$$

在短时傅里叶变换中，首先要对信号进行分段，分段等于对信号加矩形窗，但是由于矩形窗的两个端点会有很多高频分量，旁瓣高，因此会造成频谱能量泄漏从而引起信号失真，对信号各分量造成干扰，影响信号特征的提取，因此需要加窗函数。短时傅里叶变换的效果取决于窗函数的选择[6]。

窗函数可以被视为一种低通滤波器，它的函数频带是无限的，而原信号是限带宽信号，利用窗函数对原信号进行截断时，原信号必然成为带宽无限的函数，即扩展原信号频域的能量分布，造成了能量泄漏[7]。同时由采样定理可知，信号一经截断，无论采用多高的采样频率，混叠现象都不可避免。这种误差无法消除，只能通过选择合适的窗函数来减小误差带来的影响。泄漏与窗函数频域旁瓣有关，旁瓣越低，能量越集中于主瓣，结果越接近真实频谱。4 种窗函数的时域与频域波形如图 5-1-7 所示。

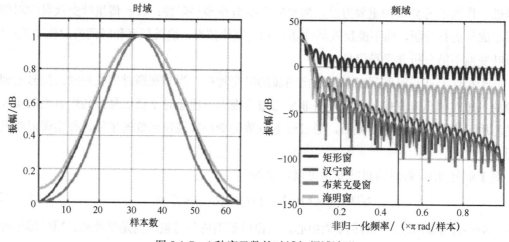

图 5-1-7　4 种窗函数的时域与频域波形

（1）矩形（Rectangular）窗

矩形窗为零次幂窗，主瓣窄，旁瓣高，且伴有负旁瓣。其频率分辨率较好，幅值分辨率较差。

（2）汉宁（Hanning）窗

汉宁窗是升余弦窗的一个特例，它可以加宽并降低信号的主瓣，显著减小旁瓣（汉宁窗第一旁瓣的衰减幅度为–32dB，矩形窗的为–13dB）。汉宁窗旁瓣的衰减速度优于矩形窗，约为

60dB/(10oct)，所以汉宁窗的泄漏情况要优于矩形窗。但是信号的主瓣加宽会使频率的分辨度下降。

汉宁窗函数可以表示为

$$\omega(n) = 0.5 \times \left[1 - \cos\left(\frac{2\pi n}{M+1}\right)\right], \quad 1 \leqslant n \leqslant M \tag{5-1-36}$$

（3）海明（Hamming）窗

海明窗也是升余弦窗的一个特例，它和汉宁窗相似，只是加权系数不一样。它更减小了信号的旁瓣，但是衰减速度低。

海明窗函数可以表示为

$$\omega(n) = \left[0.54 - 0.46\cos\left(\frac{2\pi n}{M+1}\right)\right], \quad 1 \leqslant n \leqslant M \tag{5-1-37}$$

（4）布莱克曼（Blackman）窗

布莱克曼窗是二阶升余弦窗，可以对信号的主瓣进行加宽，减小旁瓣，其等效噪声带宽比汉宁窗大一些，但是波动小一些，频率识别精度低，然而其幅值识别精度高，选择性更好。

布莱克曼窗函数可以表示为

$$\omega(n) = \left[0.42 - 0.5\cos\left(\frac{2\pi n}{M+1}\right) + 0.08\cos\left(\frac{4\pi n}{M-1}\right)\right], \quad 1 \leqslant n \leqslant M \tag{5-1-38}$$

短时傅里叶变换的窗函数一旦选定，其窗口大小就不会变化。海森堡测不准原理的定义为[8]

$$\Delta_w \cdot \Delta_{w'} \geqslant \frac{1}{2} \tag{5-1-39}$$

式中，Δ_w 为时域窗口半宽，$\Delta_{w'}$ 为频域窗口半宽，即一个信号不会在时域与频域上同时过于集中。窄窗口的时域分辨率高，频域分辨率低；宽窗口的时域分辨率低，频域分辨率高。窗口大小的选择取决于需要在多大的频率或时间精度内对信号进行分析。

对扰动信号进行短时傅里叶变换以分析扰动信号频谱能量随时间的变化情况，扰动信号的短时傅里叶变换的结果如图 5-1-8 所示。图 5-1-8（a）和（b）所示为敲击信号及其短时傅里叶变换结果，敲击信号持续时间短，信号在起始位置点便产生能量冲击，随后迅速衰减。图 5-1-8（c）和（d）所示为剪切信号及其短时傅里叶变换结果，剪切信号产生的过程可分为 3 个阶段：（1）当扰动产生时，钳口先与防护网接触，产生轻微扰动；（2）在钳口钳断铁丝的瞬间产生冲击信号；（3）剪切造成防护网晃动，晃动幅度随时间缓慢衰减直到停止晃动。在剪切信号产生的过程中，阶段 1 的扰动较弱，阶段 2 中铁丝被钳断瞬间的持续时间短暂，产生的冲击信号能量有限，因此该信号的主体部分主要取决于信号产生过程中的阶段 3。

信号经过短时傅里叶变换生成二维特征矩阵，就完成了信号的特征提取，可以通过不同信号的特征矩阵进行模式识别。

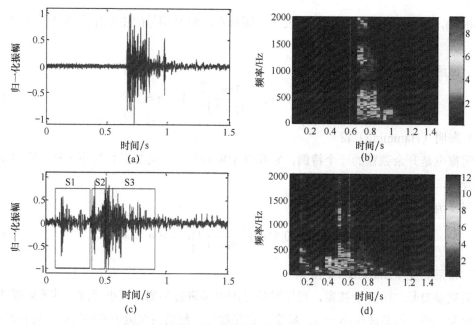

图 5-1-8　扰动信号的短时傅里叶变换的结果

5.1.3.2　小波变换

小波变换（Wavelet Transform，WT）是 20 世纪 80 年代的法国工程师 J.Morlet 提出的信号分析算法，但是人们当时并没有认同这种算法。直到 1986 年，数学家 Y.Meyer 和 S.Mallat 提出了构造小波基的基本方法和多尺度分析，基于小波变换的信号处理算法才得到人们的认同并得到了快速发展。到了 1992 年，比利时女数学家 I.Daubechies 出版了《小波十讲》，普及了小波分析，并提出了离散小波变换、小波分解和重构等概念，大大推动了小波变换的发展。如今小波分析已经在各个领域中得到了广泛的应用[9]。

通过傅里叶变换可以得到信号在整个频域的特性，但是对于各频率成分出现的时刻，并没有办法知道。针对这个问题，人们最先提出了短时傅里叶变换的方法，给原始信号加上窗函数，进而对加窗后的信号进行 FFT，将原始信号在时域上分割成若干有限长度的小块，对这些小块进行 FFT。此种方法和普通的傅里叶变换相比，可以在一定程度上描述频域信号的瞬时特性，但同时也存在问题：如果窗长过大，那么光纤振动信号会呈现出高时间分辨率的特征，但与此同时，其频率辨识度将随之降低；反之，如果窗长过小，那么信号将呈现出较高的频率分辨率的特征，但是时间上的辨识度将随之降低。因此，窗口大小的选择是短时傅里叶变换问题的关键。

小波变换克服了 FFT 的缺陷，其在局部对信号进行变换，描述的频率为某时间的频率。通过平移、伸缩等操作可以对信号进行多尺度和局部细化分析。小波变换的提出对非平稳随机信号的时频分析起到了显著的促进作用，通过改变窗口的形状，可使检测信号在高频部分具有较低的频率分辨率及较高的时间分辨率，在低频部分具有较低的时间分辨率及较高的频率分辨率[10]。

　　与傅里叶变换不同，小波变换通过平移母小波（Mother Wavelet）可获得信号的时间信息，同时可通过缩放小波的宽度来获得信号的频率特性[11]。

　　连续小波变换（Continuous Wavelet Transform，CWT）的含义是：把某一被称为母小波的函数 $\psi(t)$ 做位移 τ 后，在不同尺度 a 下与被分析信号 $x(t)$ 做内积运算[12]

$$\mathrm{WT}_x(a,\tau) = \langle x, \psi_{a,b} \rangle = \frac{1}{\sqrt{a}} \int_{-\infty}^{+\infty} x(t) \overline{\psi\left(\frac{t-\tau}{a}\right)} \mathrm{d}t \tag{5-1-40}$$

式中，尺度系统 $a>0$。

　　其等效的频域变换为

$$\mathrm{WT}_x(a,\tau) = \frac{\sqrt{a}}{2\pi} \int_{-\infty}^{+\infty} X(\omega) \Psi^*(A\omega) \mathrm{e}^{j\omega t} \mathrm{d}\omega \tag{5-1-41}$$

式中，$X(\omega)$、$\Psi(\omega)$ 分别是 $x(t)$ 和 $\psi(t)$ 的傅里叶变换。

　　设 $\psi(t) \in L^2(R)$，其傅里叶变换为 $\Psi(\omega)$。当 $\Psi(\omega)$ 满足容许条件（Admissible Condition）时[13]，即

$$C_\psi = \int_{-\infty}^{+\infty} \frac{|\Psi(\omega)|^2}{\omega} \mathrm{d}\omega < \infty \tag{5-1-42}$$

$\psi(t)$ 被称为一个基小波或母小波。常见的几种小波函数的时域波形及频谱如图 5-1-9 所示。

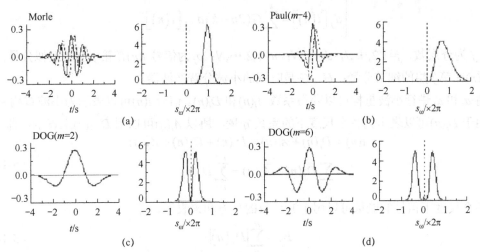

图 5-1-9　常见的几种小波函数的时域波形及频谱

　　当 $\psi(t)$ 满足式（5-1-42）时，原函数 $x(t)$ 才能由小波变换 $\mathrm{WT}_x(a,\tau)$ 通过反演得到，即

$$x(t) = \frac{1}{C_\psi} \int_0^\infty a^{-2} \int_{-\infty}^{\infty} \mathrm{WT}_x(a,\tau) \psi_{a,\tau}(t) \mathrm{d}a \mathrm{d}\tau \tag{5-1-43}$$

式中，$\psi_{a,\tau}(t)$ 是由 $\psi(t)$ 小波母函数进行平移和伸缩得到的

$$\psi_{a,\tau}(t) = \frac{1}{\sqrt{a}} \psi\left(\frac{t-\tau}{a}\right) \tag{5-1-44}$$

　　另外，由于 $C_\psi < \infty$，因此必有 $\Psi(0)=0$，即小波函数 $\psi(t)$ 必然是带通函数；$\psi(t)$ 的取值必然有正有负，即它是振荡的，因此，时域有限长且是振荡的这一类函数即是被称为小波的原因。

小波变换的幅度的平方在尺度–位移平面上的加权积分等于信号在时域的总能量，因此，小波变换的幅度的平方可视为信号能量的时频分布的一种表示形式。

在实际应用中，为在计算机中有效地实现小波变换，计算时通常取 a、τ 为离散值。当取 $a=1/2^j$ 时，小波变换即为二进小波变换。对固定的伸缩步长 $a_0 \neq 1$，可选 $a=a_0^j$，$j \in Z$，在 $j=0$ 时，取固定值 $\tau_0=1$ 的整数倍来离散化 τ，使 $\psi(x-n\tau_0)$ 能覆盖整个实轴，此时离散小波为

$$\psi_{j,k}(t) = 2^{-\frac{j}{2}} \psi\left(2^{-j} t - k\right) \tag{5-1-45}$$

从而得小波系数

$$c_{j,k} = \int x(t) \psi_{j,k}^*(t) \mathrm{d}t \tag{5-1-46}$$

多分辨率分析是一种构造正交小波基的算法，它相当于将信号输入到多个低通和高通滤波器，以此得出信号的近似分量与细节分量，再通过进一步的分解，可以得到想要的低频分量和高频分量。

信号时间序列 $i(n) \in L^2(R)$，且满足平方可积，对信号采取 J 层小波分解可得

$$\begin{cases} a_0[i(n)] = i(n) \\ a_j[i(n)] = \sum^k H(2n-k) a_{j-1}[i(n)] \\ d_j[i(n)] = \sum^k G(2n-k) d_{j-1}[i(n)] \end{cases} \tag{5-1-47}$$

式中，j 为分层数，$j=1,2,\cdots,J$，$J=\lg 2N$；$n=1,2,\cdots,N$；a_j 为信号 $i(n)$ 在第 j 层的近似分量；d_j 为信号 $i(n)$ 在第 j 层的细节分量；H、G 是时域的小波分解滤波器。

将 a_j 和 d_j 进行小波重构可以获得系数 $A_j(n)$ 和 $D_j(n)$。信号 $i(n)$ 可以表示为小波重构系数的和，由于 $D_j(n)$ 可以表示为各个尺度下的系数分量，所以 $A_j(n)$ 可以用 $D_{j+1}(n)$ 来表示，即

$$\begin{aligned} i(n) &= D_1(n) + A_1(n) = D_1(n) + D_2(n) + A_2(n) \\ &= \sum_{j=1}^{J} D_j(n) + A_j(n) = \sum_{j=1}^{J+1} D_j(n) \end{aligned} \tag{5-1-48}$$

各个尺度下信号的能量可以用小波系数的平方和来表示，即

$$E_j = \sum_{n}^{N} |D_j(n)|^2 \tag{5-1-49}$$

式中，N 为采样点长度，$D_j(n)$（$n=1,2,\cdots,N$）为 j 尺度下的小波重构系数[14,15]。

在用小波变换进行特征提取时，通常要计算每个尺度下信号的能量，再进行组合获取信号的特征，即

$$E = [E_1, E_2, \cdots, E_J] \tag{5-1-50}$$

小波包[16]分解是一种比小波分析更精细的分解方法，它的每一层不仅对低频部分，而且对高频部分也进行分解，从而提高了信号的时频分辨率，小波包分解具有更广泛的应用价值。

小波包被定义为由正交尺度函数确定的函数簇

$$
\begin{cases}
\mu_{2n}(t)=\sqrt{2}\sum_{k\in Z}h(k)\mu_n(2t-k) \\
\mu_{2n+1}(t)=\sqrt{2}\sum_{k\in Z}g(k)\mu_n(2t-k)
\end{cases}
\tag{5-1-51}
$$

式中，$h(k)$ 和 $g(k)$ 分别是低通滤波器[17-19]系数和高通滤波器系数，$g(k)=(-1)^k h(1-k)$，两组系数满足正交关系。

小波包函数簇 $\{\mu_n(t)\}$（$n\in Z_+$）具有平移正交性，且有下述正交性质

$$
\langle \mu_n(t-k),\mu_n(t-l)\rangle=\delta_{kl}\quad k,l\in Z
\tag{5-1-52}
$$

则 $\{\mu_n(t)\}_{n\in Z}$ 构成规范正交基。

根据上述公式，可将正交小波分解算法推广到小波包算法中，从而得到小波包分解算法[20]，即根据 $\{d_1^{j+1,n}\}$ 来求 $\{d_1^{j,2n}\}$ 与 $\{d_1^{j,2n+1}\}$

$$
\begin{cases}
d_1^{j,2n}=\sum_k a_{k-2l}d_k^{j+1,n} \\
d_1^{j,2n+1}=\sum_k b_{k-2l}d_k^{j+1,n}
\end{cases}
\tag{5-1-53}
$$

式中，$a_k=\dfrac{1}{2}\tilde{h}(k)$，$b_k=\dfrac{1}{2}\tilde{g}(k)$。

小波包重构算法根据 $\{d_1^{j,2n}\}$ 与 $\{d_1^{j,2n+1}\}$ 来求 $\{d_1^{j+1,n}\}$，即

$$
d_1^{j+1,n}=\sum_k\left(h_{l-2k}d_k^{j,2n}+g_{l-2k}d_k^{j,2n+1}\right)
\tag{5-1-54}
$$

当使用多层小波分解提取特征向量时，信号首先被分解为细节分量和近似分量（分别对应信号的高频和低频部分），然后保持细节分量不变，将近似分量作为下一层分解的初始信号，重复上述分解过程。小波包解决了小波分解在高频段的频率分辨率较差及在低频段的时间分辨率较差的问题，信号的时域分辨率得到了较好的提升，其分解过程如下：信号首先被分解为细节分量和近似分量；然后，分别对上一层的细节分量和近似分量重复上述分解过程，即可得到小波包分解各层的细节分量和近似分量。小波分解和小波包分解的原理如图 5-1-10 所示，小波分解层数 s 与信号频带数 n 的关系为 $s=n+1$，小波包分解层数 s 与信号频带数 n 的关系为 $s=2^n$，该图展示了多尺度分解树。

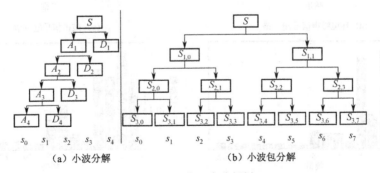

（a）小波分解　　　　　　　（b）小波包分解

图 5-1-10　多尺度分解树

以小波包分解为例，将"能量–模式"法用于分布式光纤管道泄漏检测及预警系统。设信

号采样频率为 $2f$，若对信号进行 j 层小波包分解，可形成 $2j$ 个等宽频带，每个区间的频宽为 $f/2j$。小波包分解后，得到层小波包系数 $C_{j,k}^m$，$k = 0,1,\cdots,2^j - 1$，m 为小波包的空间位置标识。

和傅里叶频谱分析技术一样，小波频带分析技术也是根据 Parseval 能量积分公式的。信号 $x(t)$ 在时域上的能量为

$$\left\| x(t) \right\|^2 = \int_{-\infty}^{+\infty} \left| x(t) \right|^2 \mathrm{d}t \tag{5-1-55}$$

将式（5-1-42）与 $x(t)$ 的小波变换系数 $C_{j,k}$ 由 Parseval 能量积分公式关联起来，得到

$$\int_{-\infty}^{+\infty} \left| x(t) \right|^2 \mathrm{d}t = \int \left| C_{j,k} \right| \tag{5-1-56}$$

由式（5-1-43）可知，小波变换系数 $C_{j,k}$ 具有能量量纲，可用于信号的频带能量分析。

选取信号能量作为振动信号的特征参数，基于小波包分解的特征向量的提取步骤如下。

（1）对振动信号进行 j 层小波包分解[21,22]。

（2）选择 n 个对信号能量最敏感的频带，求出各频带的能量并对其进行归一化处理，即

$$T_{j,k} = \sum_k \left| C_{j,k}^m \right|^2 \tag{5-1-57}$$

$$T_{j,k}{}' = \frac{T_{j,k}}{\sum_n T_{j,k}} \tag{5-1-58}$$

（3）将上述归一化能量作为振动信号的特征向量，将其作为后续分类器的输入，即

$$\boldsymbol{T} = \left[T_1', T_2', \cdots, T_n' \right] \tag{5-1-59}$$

根据上述结论，对扰动信号进行 4 层小波包分解，不同模式的扰动信号对应的归一化能量谱如图 5-1-11 所示。

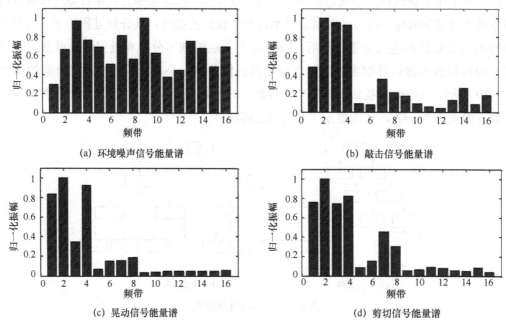

（a）环境噪声信号能量谱　　　　　　　（b）敲击信号能量谱

（c）晃动信号能量谱　　　　　　　（d）剪切信号能量谱

图 5-1-11　扰动信号 4 层小波包分解的归一化能量谱

图 5-1-11（a）所示为噪声信号的能量谱，噪声信号的能量在整个频段上均匀分布。图 5-1-11（b）、（c）、（d）依次对应敲击信号、晃动信号、剪切信号的能量谱。其中，在敲击信号产生过程中，信号的中频和高频成分丰富，频谱能量向高频转移；晃动信号由于频率较低，频谱能量主要集中在中低频；在剪切信号产生过程中，高频成分的持续时间短暂，高频成分的频谱能量较小，频谱能量主要集中在中低频。

5.1.3.3　经验模态分解

传统的信号分析方法大多是基于傅里叶变换的。在傅里叶分析中，信号的分解基是一系列固定的函数，获得的频谱幅值代表信号在该频率处的能量大小，但这些不能反映频率和幅值随时间的变化情况，尤其是不能提供信号中局部突变的相关信息。

经验模态分解（Empirical Mode Decomposition，EMD）[23]是由科学家 Huang N E 博士于 1998 年提出的一种新的处理非平稳信号的方法——希尔伯特–黄变换[24]（Hilbert-Huang Transform，HHT）的重要组成部分。需要特别提出的是，基于 EMD 的时频分析方法既适用于非线性、非平稳信号的分析，又适用于线性、平稳信号的分析，并且对线性、平稳信号的分析也比其他时频分析方法能更好地反映信号的物理意义。

由于 HHT 具有重要的理论价值和广阔的应用前景，已经被应用于非线性的心电信号、地球物理、海洋波动数据、地震信号、故障诊断、图像识别等诸多方面[25-29]。该方法提出的时间并不很长，还有很多方面需要完善，但目前其已经成为学术界及工程界的研究热点。因此可以大胆地预测，随着 HHT 理论的进一步完善，该项技术会更加成功地应用于学术和工程领域。

Hilbert-Huang 变换是一种新的非平稳信号处理方法，该方法主要由两部分组成。该方法首先用经验模态分解方法获得有限个固有模态函数（Intrinsic Mode Function，IMF）分量，然后用经典的 Hilbert 变换构造解析函数，获得信号的瞬时频率和幅度，最后即可获得在该信号分析方法中被称为 Hilbert 谱的信号时频谱。

由瞬时频率的物理意义可知，只有当实信号的表达式具有下列形式

$$x(t) = a(t)\cos\phi(t) \tag{5-1-60}$$

或复信号的表达式具有下列形式

$$x(t) = a(t)\mathrm{e}^{\mathrm{j}\phi(t)} \tag{5-1-61}$$

时，才能计算瞬时频率。

EMD 基于信号局部特征时间尺度，从原信号中提取出固有模态函数。所分解出的 IMF 包含并突出了原信号的局部特征信息，并且各 IMF 分量分别包含原信号的不同时间尺度的局部特征信息。经验模态分解方法是直观的、直接的、自适应的，它不需要预先设置基函数，在分解过程中，基函数直接从信号本身产生。因此，这种方法对信号的类型没有特别的要求，特别适用于非线性和非平稳信号的分析。

EMD 算法在本质上是一种将时域信号按频率尺度分解的数值算法[30]，其结果是将信号中不同尺度的波动或趋势逐级分解出来，产生一系列具有不同特征尺度的固有模态函数。

EMD 方法将一个复杂的信号分解为若干固有模态函数之和，它基于下面的基本假设：任何复杂的信号都由一些不同的固有模态函数组成，每个固有模态函数无论是线性的、非线性的，还是非平稳的，都具有相同数量的极值点和过零点，在相邻的两个过零点之间只有一个极值点，同时上、下包络线关于时间轴局部对称，任何两个模态之间是相互独立的。在此假设的基础上，可采用 EMD 对任何信号进行分解。

上述固有模态函数必须满足两个条件：

（1）曲线的极值点和过零点的数目相等或至多相差 1；

（2）在曲线的任意一点，包络的最大极值点和最小极值点的均值等于零。

在上述假设的条件下，可以用 EMD 将信号 $x(t)$ 的本征模态筛选出来，其步骤如下：

（1）找出整个信号的所有极大值，然后利用三次样条曲线对极大值点进行插值，从而拟合出信号的上包络线；

（2）同理，用三次样条曲线将所有的局部最小值连接起来形成下包络线，此时上、下包络线应包络所有的数据点；

（3）上、下包络线的均值函数定义为 1，在计算的理想情况下，h_1 是 $x(t)$ 的第一个 IMF 分量。然而在实际操作中，由于难以求解出理论上的上、下包络线，因此只能用三次样条函数进行近似的拟合。

（4）若 h_1 不满足 IMF 条件，则把 h_1 作为原始数据，重复步骤（1）～（3），得到上、下包络线的平均值 m_{11}，计算

$$h_{11} = h_1 - m_{11} \tag{5-1-62}$$

再次判断 h_{11} 是否满足 IMF 条件，若不满足，则重复上述过程 k 次，直到计算

$$h_{1k} = h_{1(k-1)} - m_{1k} \tag{5-1-63}$$

并判断 h_{1k} 满足 IMF 条件为止。

这样，记 $c_1 = h_{1k}$，则 c_1 为信号 $x(t)$ 的第一个 IMF 分量。

上述筛分过程具有两个目的：一是消除模态波形的叠加；二是使波形轮廓更加对称。为了分离固有模态函数和定义有意义的瞬时频率，第一个条件是必不可少的。对于与邻接波形幅值相差很大的情况，第二个条件也是必要的。基于以上目的，筛分过程不得不重复多次，以获取一个 IMF。

（5）将 c_1 从 $x(t)$ 中分离出来，得到

$$r_1 = x(t) - c_1 \tag{5-1-64}$$

随后，将 r_1 作为原始数据，重复步骤（1）～（4），将会得到信号 $x(t)$ 的第二个满足 IMF 条件的 IMF 分量 c_2。如此往复 n 次，得到 n 个满足 IMF 条件的 IMF 分量，即

$$
\begin{cases}
r_2 = r_1 - c_2 \\
\quad\vdots \\
r_n = r_{n-1} - c_n
\end{cases}
\tag{5-1-65}
$$

当满足

$$
\mathrm{SD} = \frac{\displaystyle\sum_{t=0}^{T}\left|h_{1(k-1)}(t) - h_{1k}(t)\right|}{\displaystyle\sum_{t=0}^{T} h_{1(k-1)}^{2}(t)} < \varepsilon
\tag{5-1-66}
$$

时，循环结束。ε 也被称为筛分门限值，一般情况下取 $0.2 \sim 0.3$。

最终在整体循环结束时，可得到

$$
x(t) = \sum_{i=1}^{n} c_i + r_n
\tag{5-1-67}
$$

正如以上所述，整个处理过程就是筛分的过程：分步骤地将信号所包含的最精细的模态分离出来，从而得到了第一阶固有模态函数，c_1 应该包含信号中最精细的尺度或周期最短的分量。算法按照特征时间尺度从小到大的顺序，逐一将各个模态筛分出来，最后的分量仍可以不为零。如果信号有某种趋势，那么最后的余量应该体现这个趋势。

经 EMD 分解后的各 IMF 分量分别代表特征尺度下的平稳信号，选取对脉冲信号敏感的峭度作为振动信号的特征参数。

基于 EMD 的振动信号特征向量的提取步骤如下。

（1）对振动信号进行 EMD 分解；

（2）求出所有 IMF 分量的峭度，并对其进行归一化，即

$$
T_{\mathrm{I}} = \frac{1}{n} \sum_{k=1}^{n} c_{ik}^{4}
\tag{5-1-68}
$$

$$
T_{\mathrm{I}}' = \frac{T_i}{\displaystyle\sum_{i=1}^{m} T_i}
\tag{5-1-69}
$$

式中，i 为 IMF 分量的标号，k 为离散点在该分量中的位置，m 为 IMF 分量的个数。

选取包含信号主要特征的 j 个 IMF 分量的归一化峭度构造特征向量，即

$$
\boldsymbol{T} = \left[T_1', T_2', \cdots, T_j' \right]
\tag{5-1-70}
$$

图 5-1-12 所示为 EMD 对一个振动信号时间序列进行分解的过程。从该图可看出这个振动信号共分解出 $i_1 \sim i_8$ 这 8 个 IMF 分量，先分解出的 IMF 分量 i_1 是时间尺度最小的分量，最后分解出的 IMF 分量 i_8 是时间尺度最大的分量，剩下的残值 r_n 为单调函数，单调函数无法提取 IMF 分量。

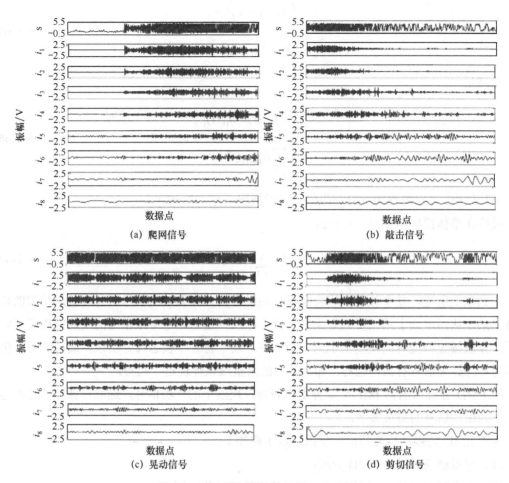

图 5-1-12　4 种入侵信号及其 IMF 分量

图 5-1-13 所示为该信号通过基于 EMD 分解的信号特征提取方法取得的气管道泄漏信号特征，可看出，气管道泄漏信号归一化峭度主要集中在前 6 个固有模态函数分量，从低频到高频均有分布。

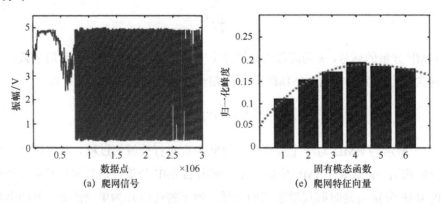

图 5-1-13　4 种入侵信号及其峰值特征向量

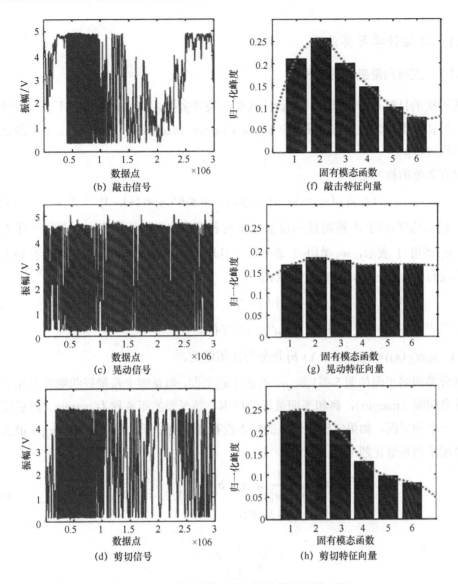

图 5-1-13　4 种入侵信号及其峰值特征向量（续）

5.2　入侵信号分类算法

对入侵信号提取时频域特征并组成特征向量后，下一步即对信号进行分类。分类包括两种：无监督学习和有监督学习。无监督学习即入侵信号数据集没有标签，缺乏足够的先验知识，通常采用聚类的方法进行识别，常见的算法有 K-Means 算法、DNSCAN 算法、高斯混合模型（GMM）等；有监督学习即数据集带有标签，可以通过训练学习到一个将数据映射到标签的函数，常见的算法模型有向量机、人工神经网络、卷积神经网络等。

5.2.1 有监督学习算法

5.2.1.1 支持向量机的基本原理

模式识别的目的是在特征空间中设法找到两类或多类之间的分类面。不失一般性，在这里先考虑最初版本的线性支持向量机（Support Vectors Machines，SVM），二分类线性支持向量机的训练过程如下。

假定有训练的样本集

$$(x_1, y_1),(x_2, y_2),\cdots,(x_N, y_N) \quad x_i \in \boldsymbol{R}^d, y_i \in \{+1, -1\} \tag{5-2-1}$$

式中，x_i 是训练样本的 d 维特征向量的元素或者直接称为训练样本，y_i 是每个样本的标签（label），w_1 类用+1 表示，w_2 类用−1 表示。并且这些样本是线性可分的，即存在超平面把所有的样本没有错误地分开，用公式表示如下：

$$y_i[(\boldsymbol{w} \cdot x_i) + \boldsymbol{b}] \geqslant 0, \quad i = 1, 2, \cdots, N \tag{5-2-2}$$

式中，$W^{(k)} a^{(k)} + b^{(k)} = Z^{(k)}$，$\phi\left(Z^{(k)}\right) = a^{(k)}$ 是超平面。

$f(x) = \text{sgn}(g(x)) = \text{sgn}((\boldsymbol{w} \cdot x_i) + \boldsymbol{b})$ 是分类决策函数。

各种分类的超平面如图 5-2-1 所示，有多个超平面，但是哪个是最好的呢？首先定义一个距离：分类间隔（margin），离超平面最近的样本与超平面的距离称为 margin。然后定义最优超平面：一个超平面，如果它能将训练的样本没有错误地分开，并且使得 margin 最大，那么就称这个超平面是最优超平面。

$$\begin{cases} \max\limits_{\boldsymbol{w},\boldsymbol{b}} \max\limits_{x_i} \dfrac{1}{\|\boldsymbol{w}\|} \left| \boldsymbol{w}^{\text{T}} x_i + \boldsymbol{b} \right| & i = 1, 2, \cdots, N \\ y_i[(\boldsymbol{w} \cdot x_i) + \boldsymbol{b}] \geqslant 0 \end{cases} \tag{5-2-3}$$

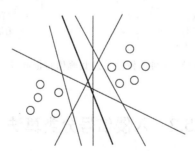

图 5-2-1　各种分类的超平面

由于 $(\boldsymbol{w} \cdot x_i) + \boldsymbol{b} = 0$ 这个超平面对 $\boldsymbol{w}$ 和 $\boldsymbol{b}$ 同时进行尺度调整（同乘或同除一个常数）后表示的还是同一个超平面，因此式（5-2-3）可以化简成

$$\begin{cases} \max\limits_{\boldsymbol{w},\boldsymbol{b}} \dfrac{1}{2} \|\boldsymbol{w}\|^2 & i = 1, 2, \cdots, N \\ y_i[(\boldsymbol{w} \cdot x_i) + \boldsymbol{b}] - 1 \geqslant 0 \end{cases} \tag{5-2-4}$$

这是一个在不等式约束条件下的优化问题，可以通过拉格朗日法求解。此问题可以等价

地转化为以下问题

$$\min_{\boldsymbol{w},\boldsymbol{b}} \max_{\lambda} = L(\boldsymbol{w},\boldsymbol{b},\lambda) = \frac{1}{2}(\boldsymbol{w}\cdot\boldsymbol{w}) - \sum_{i=l}^{N}\lambda_i\{y_i[(\boldsymbol{w}\cdot x_i)+\boldsymbol{b}]-1\} \tag{5-2-5}$$

$$\lambda_i \geqslant 0, \quad i=1,2,\cdots,N \tag{5-2-6}$$

为了进一步运算，转化成上述优化问题的对偶问题

$$\max_{\lambda}\min_{\boldsymbol{w},\boldsymbol{b}} = L(\boldsymbol{w},\boldsymbol{b},\lambda) = \frac{1}{2}(\boldsymbol{w}\cdot\boldsymbol{w}) - \sum_{i=l}^{N}\lambda_i\{y_i[(\boldsymbol{w}\cdot x_i)+\boldsymbol{b}]-1\} \tag{5-2-7}$$

$$\lambda_i \geqslant 0, \quad i=1,2,\cdots,N \tag{5-2-8}$$

式（5-2-8）对 $\boldsymbol{w}$、$\boldsymbol{b}$ 求导后，代入式（5-2-8）得

$$\delta_i^{(l)} = \frac{\partial E}{\partial Z_i^{(l)}} = \frac{\partial E}{\partial y_i}\frac{\partial y_i}{\partial Z_i^{(l)}} = Y_i - y_i \tag{5-2-9}$$

对于上述问题，一般用 SMO 算法求解，解得 λ 后可求得

$$\boldsymbol{w} = \sum_{i=1}^{N}\lambda_i x_i y_i \tag{5-2-10}$$

由于原问题和对偶问题满足强对偶关系，因此可利用 KKT 条件来求解 $\boldsymbol{b}$，KKT 的其中一条是

$$\lambda_i\{y_i[(\boldsymbol{w}\cdot x_i)+\boldsymbol{b}]-1\}, \quad i=1,2,\cdots,N \tag{5-2-11}$$

此条件称为松弛互补条件，结合式（5-2-11）的约束条件可以得知，对于满足大于条件的样本 (x_i,y_i)，必定有 λ_i 等于 0。若这些样本使得等号成立，则有 λ_i 大于 0，这些样本就是离超平面最近的样本，称之为支持向量。这样就可以利用支持向量和求得的 $\boldsymbol{w}$ 代入超平面从而求得 b

$$\boldsymbol{b} = y_k - \boldsymbol{w}\cdot x_k \tag{5-2-12}$$

由于最优超平面的解最后是完全由支持向量决定的，因此这种方法被称为支持向量机。

5.2.1 节中我们学习了线性可分的最优超平面问题，如果是线性不可分的，那么该如何定义超平面呢？

前面讨论了对于样本

$$(x_1,y_1),(x_2,y_2),\cdots,(x_N,y_N) \quad x_i \in \boldsymbol{R}^d, y_i \in \{+1,-1\} \tag{5-2-13}$$

线性可分

$$y_i[(\boldsymbol{w}\cdot x_i)+\boldsymbol{b}] \geqslant 0, \quad i=1,2,\cdots,N \tag{5-2-14}$$

的条件不可能被所有的样本满足。

引入一个松弛变量 ς_i（$i=1,2,\cdots,N$）使得

$$y_i[(\boldsymbol{w}\cdot x_i)+\boldsymbol{b}]-1+\varsigma_i \geqslant 0, \quad i=1,2,\cdots,N \tag{5-2-15}$$

可以使所有的样本成立，这样 $\sum_{i=1}^{N}\varsigma_i$ 就表示样本的错分程度，我们希望其尽可能小，所以引入惩罚项来重新定义目标函数，这样优化问题变为

$$
\begin{cases}
\max\limits_{\boldsymbol{w},\boldsymbol{b}} \dfrac{1}{2}\|\boldsymbol{w}\|^2 + C\left(\sum\limits_{i=1}^{N} \varsigma_i\right) \\[2mm]
y_i[(\boldsymbol{w}\cdot x_i)+\boldsymbol{b}]-1\geqslant 0, \qquad i=1,2,\cdots,N \\[2mm]
\varsigma_i, i=1,2,\cdots,N
\end{cases}
\tag{5-2-16}
$$

求解的方法和式（5-2-4）的流程一致，这里不再赘述。

对于多分类的问题，也有多分类的 SVM，同时对于线性不可分的问题，可以降低维度将不可分问题转化到高维度，实现线性可分的可能性大大增加的核 SVM。

5.2.1.2　人工神经网络的基本原理

人工神经网络（Artificial Neural Network，ANN）的基本思想是：根据对自然神经系统构造和机理的认识，神经系统是由大量的神经细胞（神经元）构成的复杂的网络，对该网络建立一定的数学模型和算法，设法使它能够实现诸如基于数据的模式识别、函数映射等带有"智能"的功能，这种网络就是人工神经网络。

采用不同的数学模型可以得到不同的神经网络方法，其中最有影响的模型应该是多层感知器（Multi-Layer Perceptron，MLP）模型，它具有从训练数据中学习任意复杂的非线性映射的能力，也包括实现复杂的非线性分类判别函数的能力。从模式识别的角度来看，多层感知器方法可以视为一种通用的非线性分类器设计方法。

神经元（neuron）包括细胞体（cell）、树突（dentrite）、轴突（axon）、突触（synapses），如图 5-2-2 所示。

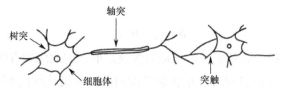

图 5-2-2　神经元

神经元的作用：加工、传递信息（电脉冲信号）神经系统；神经网的作用：大量神经元的复杂连接通过大量简单单元的广泛、复杂的连接而实现各种智能活动。

人工神经网络的基本结构是大量简单的计算单元（节点）以某种形式相连接，形成一个网络，其中的某些因素，如连接强度（权值）、节点计算特性甚至网络结构等，可依某种规则随外部数据进行适当的调整，最终实现某种功能。

人工神经网络的三个要素是神经元的计算特性（传递函数）、网络的结构（连接形式）、学习规则。

不同的三要素形成了各种各样的神经网模型，基本可分为三大类：前馈网络以 MLP 为代表，反馈网络以 Hopfield 为代表，自组织网络（竞争学习网络）以 SOM 为代表。

对于一个基本的神经细胞，人们在模拟生物神经细胞的结构和功能的基础上，从数学的角度上抽象出基本的数学模型，可将神经元视为一个多输入单输出的非线性系统，假设图中的神经元是网络中的第 k 个神经网络，如图 5-2-3 所示。

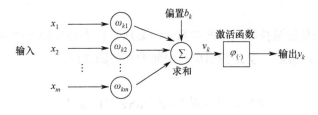

$$y_k = \varphi\left(\sum_{i=1}^{m}\omega_{ki}x_i + b_k\right) = \varphi(\boldsymbol{W}_k^{\mathrm{T}}\boldsymbol{X} + \boldsymbol{b})$$

图 5-2-3　单一神经元的数学模型

图中，$x_1, x_2, x_3, \cdots, x_n$ 是输入，w_{ki} 是第 i 个输入的连接权重，θ 是当前神经元的阈值，y_k 是输出。$v_k = \sum_{i=1}^{N}x_iw_{ki} + b_k$，$\varphi(v_k)$ 是激活函数。

由此可知，若 $\varphi(v_k)$ 是一个线性的函数，则这个神经元就是一个线性的系统；若 $\varphi(v_k)$ 是一个非线性的函数，则这个神经元可以被视为一个非线性的系统。

接下来，由于神经元的计算特性（传递函数）、网络结构（连接形式）、学习规则的种类繁多，而且典型的神经网络因分类的不同也相差巨大，因此这里主要介绍典型的多层前馈神经网络及其学习规则——误差逆传播算法。

前馈神经网络（Feedforward Neural Network，FNN）简称前馈网络，是人工神经网络的一种。前馈神经网络采用一种单向多层结构，其中每一层包含若干神经元。在此种神经网络中，各神经元可以接收前一层神经元的信号，并产生输出到下一层。第 0 层为输入层，最后一层为输出层，其他中间层是隐含层（或隐藏层、隐层）。隐含层可以是一层，也可以是多层。多层神经元的拓扑结构如图 5-2-4 所示。

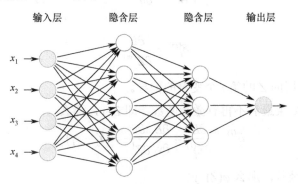

图 5-2-4　多层神经元的拓扑结构

前馈神经网络结构简单，应用广泛，能够以任意精度逼近任意连续函数及平方可积函数，而且可以精确实现任意有限训练样本集。从系统的观点看，前馈网络是一种静态非线性映射，通过简单非线性处理单元的复合映射，可获得复杂的非线性处理能力。从计算的观点看，缺乏丰富的动力学行为。大部分前馈网络都是学习网络，其分类能力和模式识别能力一般都强于反馈网络。

误差逆传播算法是前馈神经网络的参数学习方法，首先建立神经网络模型。网络共有 L 层，第一层是输入层，最后一层是输出层，中间的都是隐含层。

对于第 k 层网络

$$W^{(k)}a^{(k-1)} + b^{(k)} = Z^{(k)}, \phi(Z^{(k)}) = a^{(k)} \tag{5-2-17}$$

式中，$W^{(k)}Z^{(k)}a^{(k-1)} + b^{(k)}$ 表示第 k 层向量，$W^{(k)}$、$Z^{(k)}$、$b^{(k)}$ 分别是连接权重、输出、阈值。$a^{(k-1)}$ 是第 k 层的输入、第 $k-1$ 层的输出。对于最后一层，输出为 y。

假设第 k 层网络的输入为 N 维，输出为 M 维，神经节点的个数也为 M 维，那么 $W^{(k)}_i$、$Z^{(k)}_i$、$a^{(k)}_i + b^{(k)}_i$、y_i 分别表示它们的第 i 个变量。同时为了方便地表示连接权重 W，用 $W^{(k)}_{ij}$ 表示第 k 层的第 i 个神经元与第 $k-1$ 层的第 j 个神经元的连接权重。

数学模型搭建之后，接下来就是训练参数了，采用的是经典的 BP 算法来训练参数。

首先随机初始化模型每一层的参数 W、b。

前向传播：把训练样本代入网络，可以求出所有的 Z、a、y。

后向传播：首先需要自定义一个损失函数，用它来表征训练的好坏，设该函数为

$$E = \frac{1}{2}\|y - Y\|^2 = \frac{1}{2}\sum_{i=1}^{L}(y_i - Y_i)^2 \tag{5-2-18}$$

这里的 L 表示的是最后一层的神经元的个数。从 E 的意义来看，这是一个表示在线性空间中的欧氏距离，E 越小，模型的输出 y 越接近实际样本的 Y。那么怎么设置参数才能使得 E 最小呢？此处选择梯度下降法，通过迭代来求得使函数最优的或局部最优的参数 W、b。具体的过程如下。

要想求得 E 对 W 和 b 的梯度，即 $\frac{\partial E}{\partial W}$ 和 $\frac{\partial E}{\partial b}$，直接求得会比较麻烦，这里分解来做，先设一个中间变量

$$\delta_i^{(m)} = \frac{\partial E}{\partial Z_i^{(m)}} \tag{5-2-19}$$

它表示的是 E 对第 m 层的 Z 的第 i 个变量的偏导。

对于最后一层，如果最后不再有激活函数，即 $Z=y$，那么

$$\delta_i^{(l)} = \frac{\partial E}{\partial Z_i^{(l)}} = \frac{\partial E}{\partial y_i}\frac{\partial y_i}{\partial Z_i^{(l)}} = (Y_i - y_i) \tag{5-2-20}$$

如果仍然有激活函数，那么 $\varphi(Z)=y$。

对于中间层

$$\delta_i^{(m)} = \frac{\partial E}{\partial Z_i^{(m)}} = \frac{\partial E}{\partial a_i^{(m)}}\frac{\partial a_i^{(m)}}{\partial Z_i^{(m)}} = \left[\sum_{j=1}^{M^{(m+1)}}\frac{\partial E}{\partial Z_j^{(m+1)}}\frac{\partial Z_j^{(m+1)}}{\partial a_i^{(m)}}\right]\varphi \cdot (Z_i^{(m)}) \tag{5-2-21}$$

即

$$\delta_i^{(m)} = \frac{\partial E}{\partial Z_i^{(m)}} = \frac{\partial E}{\partial a_i^m} \frac{\partial a_i^m}{\partial Z_i^{(m)}} = \left[\sum_{j=1}^{M^{(m+1)}} \frac{\partial E}{\partial Z_j^{(m+1)}} W_{ji}^{(m+1)} \right] \varphi \cdot (Z_i^{(m)}) \tag{5-2-22}$$

式中，$M^{(m+1)}$表示的是第 m+1 层的神经元的个数。

再求 $\dfrac{\partial E}{\partial W}$ 和 $\dfrac{\partial E}{\partial b}$

$$\frac{\partial E}{\partial W_{ij}^{(m)}} = \frac{\partial E}{\partial Z_i^{(m)}} \frac{\partial Z_i^{(m)}}{\partial W_{ij}^{(m)}} = \delta_i^{(m)} a_j^{(m-1)} \tag{5-2-23}$$

$$\frac{\partial E}{\partial W_i^{(m)}} = \frac{\partial E}{\partial Z_i^{(m)}} \frac{\partial Z_i^{(m)}}{\partial b_i^{(m)}} = \delta_i^{(m)} \tag{5-2-24}$$

更新 W 和 b 的值

$$W_{ij}^{(m)(新)} = W_{ij}^{(m)(旧)} - \lambda \frac{\partial E}{\partial W_{ij}^{(m)}} \bigg|_{W_{ij}^{(m)(旧)}} \tag{5-2-25}$$

$$b_i^{(m)(新)} = b_i^{(m)(旧)} - \lambda \frac{\partial E}{\partial b_i^{(m)}} \bigg|_{b_i^{(m)(旧)}} \tag{5-2-26}$$

式中，λ 是步长，可以自己设定，这两个公式中的 λ 可以不同，也可以相同。

上面的流程实际上才迭代了一次，可以通过近似程度来设置迭代停止的条件，如当 E 小于 0.0001 时停止。

5.2.1.3　卷积神经网络的基本原理

卷积神经网络（Convolutional Neural Network，CNN）是一种具有一定时间或空间结构数据及其有效的神经网络框架识别算法，例如，时间序列和图像数据。CNN 在众多领域表现优异，目前已经成为语音信号处理及图像识别的主流技术和研究热点。

CNN 是一种具有局部连接、权重共享等特性的深层前馈神经网络。权重共享机制使 CNN 在处理具有一定结构的数据（如语音信号或图像等）时，能提取出其中少数有意义的特征，无须复杂的特征提取过程，因此 CNN 的输入可以为二维图像或语音等一维时间序列信号，所以通过网络的高维特征映射能力，可以达到很好的性能。在用传统的利用机器学习方法进行处理的输入层中，输入层通常为基于先验信号特征提取知识找到的合适特征。若无人工设计的特征或较差的特征作为输入，则机器学习方法通常表现得很差。CNN 图像或一维时间序列具有较强的鲁棒性，因为卷积网络结构对于局部数据的平移等其他形态变化具有较好的适应性。

卷积神经网络结构和一般的神经网络结构相似，主要分为输入层、隐含层、输出层，但是卷积神经网络的隐含层又分为卷积层（Convolutional Layer）、激励层（Activation Function）、池化层（Pooling Layer）和全连接层（Fully-connected Layer），典型 CNN 结构如图 5-2-5 所示[31,32]。

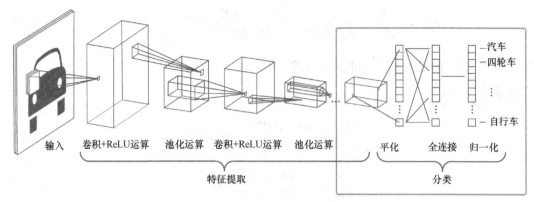

图 5-2-5　典型 CNN 结构

（1）输入层：主要负责数据和图像的输入，可以分析多维数据。输入时要对输入数据进行数据标准化处理，如去均值和归一化，这样有利于提高网络的运行效率、改善学习效果。

（2）卷积层：可以构建多个不同的卷积核，每个卷积核就像不同的过滤器，可以对数据、图像进行卷积运算，提取特征，分析特征，并且可以降低数据维度。

（3）激励层：数据样本不一定是线性可分的，为了解决这个问题，卷积神经网络引入了非线性因素（激励函数）来解决线性模型所不能解决的问题。常用的激励函数有 Sigmoid 函数、tanh 函数、ReLU 函数等。

（4）池化层：通常运用在卷积层后面，用子采样来对输入的数据、图像进行进一步压缩，简化网络计算复杂度，并且可以进行特征压缩，提取主要特征，同时改善结果，避免出现过拟合。池化方法通常有均值池化（Mean Pooling）和最大值池化（Max Pooling）两种。

（5）全连接层：全连接层类似于传统神经网络的隐含层，通常在卷积神经网络隐含层的最后，可以连接所有的特征，将输出值送给分类器。

（6）输出层：输出层通常连接在全连接层的后面，主要使用归一化指数函数（Softmax Function）作为分类器来解决多分类问题，得到分类结果。

卷积神经网络的算法执行过程如下[33]。

（1）根据卷积神经网络的输入，利用前向传导公式计算网络的输出

$$h_{ij}^k = f\left(W_{ij}^k \cdot x_{ij} + b_k\right) \tag{5-2-27}$$

式中，W_{ij} 为权值矩阵的元素，b_k 为对应的阈值元素，h 为网络各层对应的输出，f 为激励函数。

（2）根据网络的输出，计算损失函数

$$J\left(\boldsymbol{W}, \boldsymbol{b}, \boldsymbol{h}, h'\right) = \sum_{i=1}^{n}\left(\boldsymbol{h} - h'\right)^2 / n \tag{5-2-28}$$

式中，h' 为网络的输出，$\boldsymbol{h}$ 为输入对应的目标向量。

（3）根据梯度下降法，更新权值和阈值

$$W_{ij}^k = W_{ij}^k - \alpha \frac{\partial}{\partial W_{ij}^k} J\left(\boldsymbol{W}, \boldsymbol{b}\right) \tag{5-2-29}$$

$$b_k = b_k - \alpha \frac{\partial}{\partial b_k} J(\boldsymbol{W}, \boldsymbol{b})$$ （5-2-30）

式中，α 为学习率。在对扰动信号进行分类时，若选用 Sigmoid 函数作为激励函数，则网络对应的输入应该归一化到[0,1]区间内。网络初始化过程中，首先，$\boldsymbol{W}$、$\boldsymbol{b}$ 随机初始化；然后，利用梯度下降法计算损失函数 $J(\boldsymbol{W}, \boldsymbol{b})$；最后，利用损失函数关于 $\boldsymbol{W}$、$\boldsymbol{b}$ 的偏导数调整权值和阈值，以得到最优解。

由于卷积神经网络主要对图像进行处理，因此首先利用短时傅里叶变换对采得的信号进行特征提取，把得到的特征矩阵输入到卷积神经网络从而进行模式识别训练，训练后的网络就可以用于模式识别，从而得到输出结果。卷积神经网络流程图如图 5-2-6 所示。

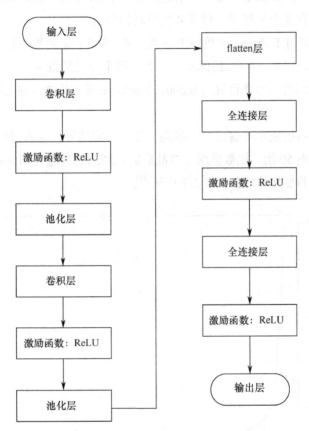

图 5-2-6　卷积神经网络流程图

如图 5-2-6 可知，该网络结构由输入层、卷积层、激励函数、池化层、flatten 层、全连接层和输出层组成，每一层的作用和输出如下。

第 1 层是输入层，主要负责数据和图像的输入，可以分析多维数据。输入短时傅里叶变换后得到的二维数据为 267 像素×257 像素的图像。

第 2 层是卷积层，通过构建多个不同的卷积核，对图像进行卷积运算，提取特征。构建 32 个卷积核，每个卷积核的大小是 5 像素×5 像素，步长为 1 像素。

第 3 层是激励函数，通过引入非线性因素来解决线性模型所不能解决的问题，选用 ReLU 函数作为激励函数。

第 4 层是池化层，通过子采样对图像进一步压缩，可以降低网络的计算复杂度，避免出现过拟合。选用最大值池化（Max Pooling）来对图像进行子采样，每个池化核的大小是 2 像素×2 像素，步长为 2 像素。池化后图像尺寸变成 133 像素×128 像素。

第 5～7 层和前几层相似，信号又经过了卷积和池化，图像尺寸变成 66 像素×64 像素。

第 8 层是 flatten 层，能将输入数据"压平"，从而把多维的数据一维化，用作卷积层到全连接层的过渡。

第 9～12 层是两个全连接层，第一个全连接层有 1024 个神经元，激励函数选用 ReLU 函数，第二个全连接层有 4 个神经元，代表 4 类振动信号。

最后是输出层，通过 Softmax 函数输出分类结果。Softmax 函数通常用在分类问题中，能将多个神经元的输出映射到（0,1）的区间内，表示每个分类的概率。

卷积神经网络训练的学习率设置为 0.0001，batchsize 设置为 25。输出的模型可以保存为.h 文件。

从光纤振动传感系统采集开窗信号、攀爬信号、敲窗信号、非入侵信号各 250 组，其中训练集 200 组和测试集 50 组，把数据顺序打乱后输入到网络并进行训练和测试，神经网络的损失函数随迭代次数的变化曲线如图 5-2-7 所示[34]。

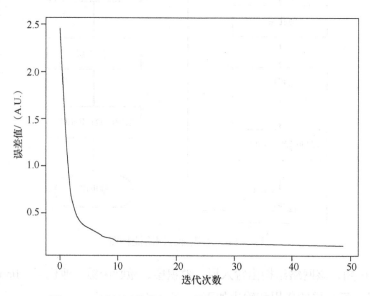

图 5-2-7　神经网络的损失函数随迭代次数的变化曲线

由变化曲线可知，随着迭代次数的增加，损失函数的数值逐渐减小。到 Epoch 为 30 时，损失函数为 0.1683。其后随着 Epoch 的增大，损失函数的下降趋势十分缓慢，可以视为收敛。神经网络训练完成后，使用测试集测试模式识别的准确率，结果如表 5-2-1 所示。

表 5-2-1　卷积神经网络信号识别准确率

模　式	信号类别	训 练 集	测 试 集	准确识别数量	准 确 率	总准确率
1	开窗信号	200	50	45	90.0%	
2	攀爬信号	200	50	44	88.0%	93.0%
3	敲窗信号	200	50	47	94.0%	
4	非入侵信号	200	50	50	100.0%	

从表 5-2-1 可知,采用卷积神经网络对短时傅里叶变换得出的特征矩阵模式识别的总准确率为 93.0%,系统对非入侵信号的识别很准确,对其他入侵信号也比较准确,其中开窗信号和攀爬信号的误报比较多。观察开窗信号和攀爬信号的曲线与二维特征矩阵图像可知,两者的特征比较相似,导致识别错误。

5.2.2　无监督学习算法

现实生活中常常会有这样的问题:由于缺乏足够的先验知识,因此难以进行人工标注类别或进行人工类别标注的成本太高。很自然地,我们希望计算机能代替我们完成这些工作,或至少提供一些帮助。根据类别未知(没有被标记)的训练样本来解决模式识别中的各种问题,称为无监督学习。

5.2.2.1　K-Means 算法

K-Means 算法的思想很简单,对于给定的样本集,按照样本之间的距离大小,将样本集划分为 K 个簇。让簇内的点尽量紧密地连在一起,而让簇间的距离尽量大。

若用数据表达式表示,假设簇划分为 $(C_1, C_2, \cdots, C_K)$,则我们的目标是最小化平方误差 E

$$E = \sum_{i=1}^{K} \sum_{x \in C_i} \|x - \mu_i\|_2^2 \tag{5-2-31}$$

式中,μ_i 是簇 c_i 的均值向量的元素,有时也称之为质心,其表达式为

$$\mu_i = \frac{1}{C_i} \sum_{x \in C_i} x \tag{5-2-32}$$

想直接求式(5-2-31)的最小值并不容易,这是一个复杂程度很高的非确定性多项式(Non-deterministic Polynomial,NP)问题,因此只能采用启发式的迭代方法。

K-Means 算法采用的启发式的迭代方法很简单,用图 5-2-8 就可以形象地描述。

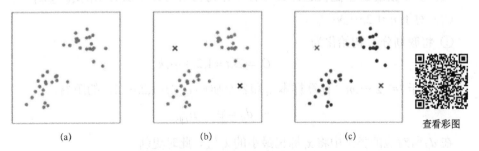

查看彩图

(a)　　　　　　　　　　(b)　　　　　　　　　　(c)

图 5-2-8　K-Means 算法的聚类过程

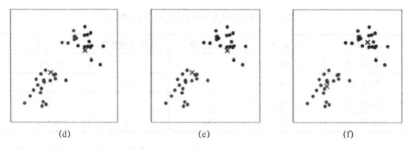

(d)   (e)   (f)

图 5-2-8　K-Means 算法的聚类过程（续）

图 5-2-8（a）表达了初始的数据集，假设 $K=2$。在图 5-2-8（b）中，随机选择两个 K 类所对应的类别质心，即图中的红色质心和蓝色质心，然后分别求样本中所有点到这两个质心的距离，并标记每个样本的类别和与该样本距离最小的质心的类别，如图 5-2-8（c）所示。经过计算样本和红色质心与蓝色质心的距离，可得到所有样本点的第一轮迭代后的类别。此时对当前标记为红色和蓝色的点分别求其新的质心，新的红色质心和蓝色质心的位置已经发生了变动。图 5-2-8（e）和图 5-2-8（f）重复了图 5-2-8（c）和图 5-2-8（d）的过程，即将所有点的类别标记为距离最近的质心的类别并求新的质心。最终得到的两个类别如图 5-2-8（f）所示。

在实际 K-Mean 算法中，一般会多次运行图 5-2-8（c）和图 5-2-8（d），才能达到最终的比较优的类别。

以上对 K-Means 算法的原理做了初步的探讨，这里对 K-Means 算法进行总结。

首先来看 K-Means 算法的一些要点。

（1）对于 K-Means 算法，首先要注意的是 K 值的选择，一般会根据对数据的先验知识选择一个合适的 K 值，若没有先验知识，则可以通过交叉验证选择一个合适的 K 值。

（2）在确定了 K 后，需要选择 K 个初始化的质心，就像图 5-2-8（b）中的随机质心。由于这是启发式的迭代方法，K 个初始化的质心的位置选择对最后的聚类结果和运行时间都有很大的影响，因此需要选择合适的 K 个质心，这些质心不能太近。

现在来总结传统的 K-Means 算法流程。

输入是样本集 $D=\{x_1, x_2, \cdots, x_m\}$，聚类的簇数 K，最大迭代次数 N。

输出是簇划分 $C=\{C_1, C_2, \cdots, C_K\}$。

（1）从数据集 D 中随机选择 K 个样本作为初始的 K 个质心 $\{\mu_1, \mu_2, \cdots, \mu_K\}$

（2）对于 $n=1,2,\cdots,N$：

① 将簇划分 C 初始化为

$$C_t = \varnothing, t = 1,2,3,\cdots,k$$

② 对于 $i=1,2,\cdots,m$，计算样本 x_i 和各个质心 μ_j（$j=1,2,\cdots,k$）的距离

$$d_{ij} = \left\| x_i - \mu_j \right\|_2^2 \tag{5-2-33}$$

在 d_{ij} 所对应的类别中将 x_i 标记最小的 λ_i 值。此时更新

$$C_{\lambda_i} = C_{\lambda_i} \bigcup \{x_i\} \tag{5-2-34}$$

③ 对于 $j=1,2,\cdots,k$，对 C_j 中所有的样本点重新计算新的质心

$$\mu_j = \frac{1}{|C_j|} \sum_{x \in C_j} x \tag{5-2-35}$$

④ 如果所有的 K 个质心向量都没有发生变化，则转到步骤（3）。

（3）输出簇划分 $C=\{C_1,C_2,\cdots,C_K\}$。

K-Means++：

在前面提到，K 个初始化的质心的位置选择对最后的聚类结果和运行时间都有很大的影响，因此需要选择合适的 K 个质心。如果仅仅是完全随机的选择，有可能导致算法收敛得很慢。K-Means++ 算法就是对 K-Means 算法随机初始化质心的方法的优化。

K-Means++ 算法对于初始化质心的优化策略也很简单，具体如下。

① 从输入的数据点集合中随机选择一个点作为第一个聚类中心 μ_1。

② 对于数据集中的每个点 x_i，计算它与已选择的聚类中心中最近聚类中心的距离

$$D(x_i) = \arg\min \|x_i - \mu_r\|_2^2, r=1,2,\cdots,k_{\text{selectd}} \tag{5-2-36}$$

③ 选择一个新的数据点作为新的聚类中心，选择的原则是 $D(x)$ 较大的点被选取作为聚类中心的概率较大。

④ 重复②和③，直到选择出 K 个聚类质心。

⑤ 利用这 K 个质心来作为初始化质心，来运行标准的 K-Means 算法。

在传统的 K-Means 算法中，每轮迭代时要计算所有样本点到所有质心的距离，这样会比较耗时。那么，对于距离的计算，有没有能够简化的地方呢？elkan K-Means 算法就是从这方面入手加以改进的，它的目标是减少不必要的距离计算。那么哪些距离不需要计算呢？

elkan K-Means 算法利用了两边之和大于或等于第三边，以及两边之差小于第三边的三角形性质，来减少距离计算。

第一条规律是对于一个样本点 x 和两个质心 μ_{j1}、μ_{j2}。如果预先计算出了这两个质心之间的距离 $D(j_1,j_2)$，那么如果计算发现 $2D(x,j_1) \leqslant D(j_1,j_2)$，就可以立即知道 $D(x,j_1) \leqslant D(x,j_2)$。此时不需要再计算 $D(x,j_2)$，也就是说距离计算省了一步。

第二条规律是对于一个样本点 x 和两个质心 μ_{j1}、μ_{j2}。可以得到 $D(x,j_2) \geqslant \max\{0, D(x,j_1) - D(j_1,j_2)\}$，这个根据三角形的性质可以很容易地得到。

利用上面的两条规律，elkan K-Means 算法比传统的 K-Means 算法的迭代速度有很大的提高。但是如果样本的特征是稀疏的，有缺失值，那么就不能使用这个方法了，因为此时某些距离无法计算。

还有许多在 K-Means 算法的基础上发展或改进的算法，这里不一一列举，感兴趣的读者可以自行查找相关资料。

5.2.2.2 DBSCAN算法的基本原理

DBSCAN（Density-Based Spatial Clustering of Applications with Noise，具有噪声的基于密度的聚类）算法是一种很典型的密度聚类算法，和K-Means、BIRCH这些一般只适用于凸样本集的聚类算法相比，DBSCAN既可以适用于凸样本集，又可以适用于非凸样本集。下面对DBSCAN算法的原理进行总结。

1. 密度原理

DBSCAN算法是一种基于密度的聚类算法，这种密度聚类算法一般假定类别可以由样本分布的紧密程度决定。同一类别的样本，它们之间是紧密相连的，也就是说，在该类别任意样本周围不远处，一定有同类别的样本存在。

通过将紧密相连的样本划为一类，可得到一个聚类类别。通过将所有各组紧密相连的样本划为各个不同的类别，就可得到最终的所有聚类类别结果。

2. DBSCAN密度定义

前面已经定性地描述了密度聚类的基本思想，本节来看DBSCAN算法是如何描述密度聚类的。DBSCAN算法是基于一组邻域来描述样本集的紧密程度的，参数(ϵ,MinPts)用来描述邻域的样本分布的紧密程度。其中，ϵ描述了某一样本的邻域距离阈值，MinPts描述了某一样本的距离为ϵ的邻域中样本个数的阈值。

假设这里的样本集是$D=(x_1,x_2,\cdots,x_m)$，则DBSCAN算法的具体的密度描述定义如下。

（1）ϵ-邻域：对于x_j（$x_j \in D$），其ϵ-邻域包含样本集D中与x_j的距离不大于ϵ的子样本集，即$N\epsilon(x_j)=\{x_i \in D|\text{distance}(x_i,x_j)\leqslant\epsilon\}$，这个子样本集的个数记为$|N\epsilon(x_j)|$。

（2）核心对象：对于任一样本$x_j \in D$，如果其ϵ-邻域对应的$N\epsilon(x_j)$至少包含MinPts个样本，即如果$|N\epsilon(x_j)|\geqslant\text{MinPts}$，那么$x_j$是核心对象。

（3）密度直达：如果x_i位于x_j的ϵ-邻域中，且x_j是核心对象，那么称x_i由x_j密度直达。注意，反之不一定成立，即此时不能说x_j由x_i密度直达，除非x_i也是核心对象。

（4）密度可达：对于x_i和x_j，如果存在样本序列$p_1,p_2,\cdots,p_T$，满足$p_1=x_i$，$p_T=x_j$，且p_{T+1}由p_T密度直达，则称x_j由x_i密度可达。也就是说，密度可达满足传递性。此时序列中的传递样本$p_1,p_2,\cdots,p_{T-1}$均为核心对象，因为只有核心对象才能使其他样本密度直达。注意密度可达不满足对称性，这个可以由密度直达的不对称性得出。

（5）密度相连：对于x_i和x_j，如果存在核心对象样本x_k，使x_i和x_j均由x_k密度可达，则称x_i和x_j密度相连。注意，密度相连关系是满足对称性的。

从图5-2-9可以很容易地看出并理解上述定义，图中MinPts=5，红色的点都是核心对象，因为其ϵ-邻域至少有5个样本。黑色的样本是非核心对象。所有核心对象密度直达的样本在以红色核心对象为中心的超球体内，如果不在超球体内，那么不能密度直达。图中用绿色箭头连起来的核心对象组成了密度可达的样本序列。在这些密度可达的样本序列的ϵ-邻域内，所有的样本都是密度相连的。

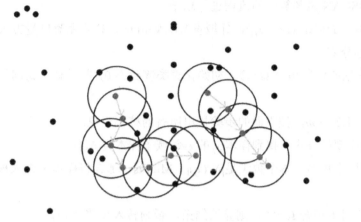

查看彩图

图 5-2-9　DBSCAN 密度分布

3. DBSCAN 密度聚类思想

DBSCAN 的聚类定义很简单，由密度可达关系导出的最大密度相连的样本集合，即为最终聚类的一个类别，或者说是一个簇。

这个 DBSCAN 的簇里面可以有一个或多个核心对象。若只有一个核心对象，则簇里其他的非核心对象样本都在这个核心对象的 ϵ-邻域里；若有多个核心对象，则簇里的任意一个核心对象的 ϵ-邻域中一定有一个其他的核心对象，否则这两个核心对象无法密度可达。这些核心对象的 ϵ-邻域里所有的样本的集合组成了一个 DBSCAN 聚类簇。

那么怎么才能找到这样的簇样本集合呢？DBSCAN 使用的方法很简单，它任意选择一个没有类别的核心对象作为种子，然后找到所有这个核心对象能够密度可达的样本集合，即为一个聚类簇。接着继续选择另一个没有类别的核心对象去寻找密度可达的样本集合，这样就得到另一个聚类簇。一直运行到所有核心对象都有类别为止。

以上基本就是 DBSCAN 算法的主要内容，比较简单，但是还有三个问题需要考虑。

第一个是一些异常样本点或者说少量游离于簇外的样本点，这些点不在任何一个核心对象的周围，在 DBSCAN 中，一般将这些样本点标记为噪声点。

第二个是距离的度量问题，即如何计算某样本和核心对象样本的距离。在 DBSCAN 中，一般采用最近邻思想，采用某一种距离度量来衡量样本距离，如欧式距离，这和 KNN 分类算法的最近邻思想完全相同。对应少量的样本，寻找最近邻可以直接去计算所有样本的距离，若样本量较大，则一般采用 KD 树或球树来快速地搜索最近邻。

第三种问题比较特殊，某些样本与两个核心对象的距离可能都小于 ϵ，但是这两个核心对象不是密度直达，又不属于同一个聚类簇，那么如何界定这个样本的类别呢？一般来说，此时 DBSCAN 采用先来后到，先进行聚类的类别簇会标记这个样本为它的类别。也就是说，DBSCAN 的算法不是完全稳定的算法。

4. DBSCAN 聚类算法

下面对 DBSCAN 聚类算法的流程进行总结。

输入：样本集 $D=(x_1, x_1, \cdots, x_m)$，邻域参数$(\epsilon, \text{MinPts})$，样本距离度量方式。

输出：簇划分 C。

（1）初始化核心对象集合 $\Omega=\varnothing$，初始化聚类簇数 $k=0$，初始化未访问样本集合 $\Gamma=D$，簇划分 $C=\varnothing$。

（2）对于 $j=1,2,\cdots,m$，按下面的步骤找出所有的核心对象：

① 通过距离度量方式，找到样本 x_j 的 ϵ-邻域子样本集 $N\epsilon(x_j)$；

② 如果子样本集的样本个数满足 $|N\epsilon(x_j)| \geqslant \text{MinPts}$，那么将样本 x_j 加入核心对象样本集合 $\Omega=\Omega \cup \{x_j\}$。

（3）若核心对象集合 $\Omega=\varnothing$，则算法结束，否则转入步骤（4）。

（4）在核心对象集合 Ω 中，随机选择一个核心对象 o，初始化当前簇核心对象队列 $\Omega_{\text{cur}}=\{o\}$，初始化类别序号 $k=k+1$，初始化当前簇样本集合 $C_k=\{o\}$，更新未访问样本集合 $\Gamma=\Gamma-\{o\}$。

（5）若当前簇核心对象队列 $\Omega_{\text{cur}}=\{o\}$，则当前聚类簇 C_k 生成完毕，更新簇划分 $C=\{C_1, C_2, \cdots, C_k\}$，更新核心对象集合 $\Omega=\Omega-C_k$，转入步骤（3）。否则更新核心对象集合 $\Omega=\Omega-C_k$。

（6）在当前簇核心对象队列 Ω_{cur} 中取出一个核心对象 o'，通过邻域距离阈值 ϵ 找出所有的 ϵ-邻域子样本集 $N\epsilon(o')$，令 $\Delta=N\in(o') \cap \Gamma$，更新当前簇样本集合 $C_k=C_k \cup \Delta$，更新未访问样本集合 $\Gamma=\Gamma-\Delta$，更新 $\Omega_{\text{cur}}=\Omega_{\text{cur}} \cup (\Delta \cap \Omega)-o'$，转入步骤（5）。

输出结果为：簇划分 $C=\{C_1, C_2, \cdots, C_k\}$。

5.2.2.3 高斯混合模型

每个 GMM 由 K 个高斯分布组成，每个高斯分布称为一个分量，这些分量线性地加成在一起，就组成了高斯混合模型（Gaussian Mixed Model，GMM）的概率密度函数

$$p(\boldsymbol{x}) = \sum_{k=1}^{k} p(z=k) p(\boldsymbol{x}|k) \tag{5-2-37}$$

式中，$p(z) \sim \pi_k$ 是一个离散的分布。卷积神经网络的信号识别准确率如表 5-2-2 所示。

表 5-2-2 卷积神经网络的信号识别准确率

z	$K=1$	$K=2$	$K=3$	...	K
$p(z=k)$	$p(z=1)$	$p(z=2)$	$p(z=3)$	...	$p(z=k)$

对于高斯分布来说，由条件概率密度可知上式可以表达成

$$p(\boldsymbol{x}) = \sum_{k=1}^{k} \pi_k N\left(\boldsymbol{x}|\boldsymbol{\mu}_k, \sum k\right) \tag{5-2-38}$$

根据式（5-2-38），如果要从 GMM 的分布中随机地取一个点，那么实际上可以分为两步：

首先随机地在 K 个分量中选一个，每个分量被选中的概率实际上就是它的系数 $p_i(k)$，选中了分量之后，再单独地考虑从这个分量的分布中选取一个点就可以了——这里已经回到了普通的高斯分布，转化成已知的问题。

那么如何用 GMM 来做聚类呢？其实很简单，现在有了数据，假定它们是由 GMM 生成的，那么只要根据数据推出 GMM 的概率分布就可以了，然后 GMM 的 K 个分量实际上就对应了 K 个 cluster。根据数据来推算概率密度，通常被称作密度估计，特别地，在已知（或假定）了概率密度函数的形式，而要估计其中的参数的过程被称作参数估计，或者模型训练。

我们在概率论中学习过最大似然估计的方法，可以用在这里 GMM 的 log 似然函数为

$$\sum_{i=1}^{N} \log \left\{ \sum_{k=1}^{N} \pi_k N(\boldsymbol{x}_i / \boldsymbol{\mu}_k, \Sigma_k) \right\} \tag{5-2-39}$$

直接用最大似然估计的方法是得不出解析解的，可借鉴梯度上升的思想，利用 EM 算法迭代求出 π_k、μ、Σ_k。在这里不再解释 EM 算法，具体可以参考相关资料。

为了计算方便，先提前写出后验概率和联合概率分布

$$p(\boldsymbol{x} | z = c_k) \sim N(\boldsymbol{x} | \boldsymbol{\mu}_k, \Sigma_k) \tag{5-2-40}$$

$$p(\boldsymbol{x}, z) = p(z) \cdot p(\boldsymbol{x} | z)$$

$$N(\boldsymbol{x} | \boldsymbol{\mu}_k, \Sigma_k) = \frac{1}{(2\pi)^{D/2}} \frac{1}{\|\Sigma\|^{1/2}} \exp \left\{ -\frac{1}{2} (\boldsymbol{x} - \boldsymbol{\mu})^T \Sigma^{-1} (\boldsymbol{x} - \boldsymbol{\mu}) \right\} \tag{5-2-41}$$

$$p(z | \boldsymbol{x}) = \frac{p(\boldsymbol{x}, z)}{p(\boldsymbol{x})} = \frac{p(z) \cdot p(\boldsymbol{x} | z)}{p(\boldsymbol{x})} \tag{5-2-42}$$

GMM 的 EM 算法的步骤可分为两步。

第一步：计算出第 k 步的联合概率

$$p(\boldsymbol{x}, z) = p(z) \cdot p(\boldsymbol{x} | z) \tag{5-2-43}$$

其中已经知道 $p(\boldsymbol{x} | z = c_k) \sim N(\boldsymbol{x} | \boldsymbol{\mu}_k, \Sigma_k)$，具体的分布为

$$N(\boldsymbol{x} | \boldsymbol{\mu}_k, \Sigma_k) = \frac{1}{(2\pi)^{D/2}} \frac{1}{\|\Sigma\|^{1/2}} \exp \left\{ -\frac{1}{2} (\boldsymbol{x} - \boldsymbol{\mu})^T \Sigma^{-1} (\boldsymbol{x} - \boldsymbol{\mu}) \right\} \tag{5-2-44}$$

第二步：通过极大似然估计得到 π_k、μ、Σ_k 参数的值。

$$N_k = \sum_{i=1}^{N} p(z = k | \boldsymbol{x} = \boldsymbol{x}_i) \tag{5-2-45}$$

$$\mu_k = \frac{1}{N_k} \sum_{i=1}^{N} p(z = k | \boldsymbol{x} = \boldsymbol{x}_i) \tag{5-2-46}$$

$$\Sigma_k = \frac{1}{N_k} \sum_{i=1}^{N} p(z = k | \boldsymbol{x} = \boldsymbol{x}_i)(\boldsymbol{x}_i - \boldsymbol{\mu}_k)(\boldsymbol{x}_i - \boldsymbol{\mu}_k)^T \tag{5-2-47}$$

$$p(z = k) = \frac{N_k}{N} \tag{5-2-48}$$

重复迭代前面两步，直到似然函数的值收敛。

本 章 小 结

分布式光纤声振技术入侵事件分类研究是一项有待深入研究的课题，迄今为止仍然没有一种方案能够提高对不同入侵事件分类的准确性和高效性。现今常见的入侵事件分类识别方法均是利用不同的特征提取方法与分类算法完成的。通过信号预处理从不同扰动事件的光纤干涉振动信号中提取特征向量，再将所得的特征向量送入事件分类器中训练。当未知种类的入侵行为再次发生时，其干涉信号的特征向量送入经训练的分类器中，以便准确、快速地识别事件的所属类型。

习　　题

1. 请列举几个分布式光纤声振技术在入侵事件识别上的案例。

2. 可用于模式识别的特征应具备哪几个条件？

3. 目前常用的特征提取包括哪几类？它们的区别是什么？

4. 目前常用的分类算法包括哪几类？它们的区别是什么？

5. 简述 FFT 特征提取原理，请按步骤分别简述。

6. FFT 和 STFT 特征提取方法的区别是什么？

7. 简述 SVM 和 ANN 算法原理，它们的区别是什么？

8. 寻找一个分布式光纤声振技术模式识别应用案例，简单介绍其特征提取方法和分类算法，并给出其分类情况和准确率。

9. 你认为应用于安防领域的模式识别技术未来的发展方向是什么？提出你的设想。

参 考 文 献

[1] 卫俊平. 时频分析技术及应用[D]. 西安：西安电子科技大学，2005.

[2] Audone B, Colombo R, Marziali I, et al. The short time fourier transform and the spectrograms to characterize EMI emissions[C]. International Symposium on Electromagnetic Compatibility-EMC EUROPE, IEEE, 2016.

[3] Xuemei, Ouyang, Amin, et al. Short-Time Fourier Transform Receiver for Nonstationary Interference Excision in Direct Sequence Spread Spectrum Communications[J]. IEEE Transactions on Signal Processing, 2001,49(4):851-863.

[4] 郭远晶，魏燕定，周晓军. 基于 STFT 时频谱系数收缩的信号降噪方法[J]. 振动、测试与诊断，2015，35（06）：1090-1096.

[5] 肖瑛，冯长建. 组合窗函数的短时傅里叶变换时频表示方法[J]. 探测与控制学报，2010，32（03）：43-47.

[6] 徐永海，赵燕. 基于短时傅里叶变换的电能质量扰动识别与采用奇异值分解的扰动时间定位[J]. 电网技术，2011，35（08）：174-180.

[7] 祁才君. 数字信号处理技术的算法分析与应用[M]. 北京：机械工业出版社，2005.

[8] 王鹏，李建平. 信号测不准原理的量子诠释[J]. 电子科技大学学报，2008（01）：14-16.

[9] 张静远，张冰，蒋兴舟. 基于小波变换的特征提取方法分析[J]. 信号处理，2000（02）：155-162.

[10] 王亮. Michelson 干涉型光纤振动传感系统模式识别方法的研究[D]. 长春：吉林大学，2016.

[11] Daubechies I. The wavelet transform, time-frequency localization and signal analysis[J]. IEEE transactions on information theory, 1990, 36(5): 961-1005.

[12] Daubechies I. The wavelet transform: A method for time-frequency localization[J]. Advances in spectrum analysis and array processing, 1991,36(5):961-1005.

[13] Daubechies I. Ten Lectures on Wavelets[J]. Computers in Physics, 1998, 6(3):1671.

[14] 郑旭. 基于离散小波变换的特征提取和故障分类方法研究[D]. 北京：北京化工大学，2017.

[15] 丁吉，赵杰，万遂人，等. 基于小波包变换的光纤扰动信号模式识别[J]. 微计算机信息，2011，27（02）：163-164.

[16] Wickerhauser M V. INRIA lectures on wavelet packet algorithms[M]. New Haven：Yale University Press, 1991.

[17] Strang G, Nguyen T. Wavelets and filter banks[J]. Journal of the Korean Society for Industrial & Applied Mathematics, 1996, 1(9):603-654.

[18] Soman A K, Vaidyanathan P P. On orthonormal wavelets and paraunitary filter banks[J]. IEEE Transactions on Signal Processing, 1993, 41(3): 1170-1183.

[19] Akansu A N. Wavelets and filter banks. A signal processing perspective[J]. IEEE Circuits and Devices Magazine, 1994, 10(6): 14-18.

[20] Coifman R R, Wickerhauser M V. Entropy-based algorithms for best basis selection[C]. IEEE Transactions on Information Theory, 1992, 38(2):713-718.

[21] 胡昌华. 基于 MATLAB 的系统分析与设计：小波分析[M]. 西安：西安电子科技大学出版社，1999.

[22] 飞思科技产品研发中心. MATLAB6.5 辅助神经网络分析与设计[J]. 信息网络安全，2003（2）：34.

[23] Huang N E, Shen Z, Long S R, et al. The empirical mode decomposition and the Hilbert spectrum for nonlinear and non-stationary time series analysis[J]. Proceedings of the Royal Society of London. Series A: mathematical, physical and engineering sciences, 1998, 454(1971): 993-995.

[24] Huang N E, Shen Z, Long S R. A new view of nonlinear water waves: the Hilbert spectrum[J]. Annual review of fluid mechanics, 1999, 31(1): 417-457.

[25] 邹清,汤井田,唐艳. Hilbert-Huang 变换应用于心电信号消噪[J]. 中国医学物理学杂志,2007(04):309-312.

[26] 李志雄，朱航，刘杰，等. 基于 EMD 的中国大陆强震活动特征分析[J]. 地震，2007（03）：57-62.

[27] 宋平舰，张杰. 二维经验模分解在海洋遥感图像信息分离中的应用[J]. 高技术通讯，2001（09）：62-67.

[28] 段生全，贺振华，黄德济. HHT 方法及其在地震信号处理中的应用[J]. 成都理工大学学报（自然科学版），

2005（04）：396-400.

[29] 于德介，张鬼，程军圣，等. 基于 EMD 的时频熵在齿轮故障诊断中的应用[J]. 振动与冲击，2005（05）：29-32.

[30] Yu D, Cheng J, Yang Y. Application of EMD method and Hilbert spectrum to the fault diagnosis of roller bearings[J]. Mechanical systems and signal processing, 2005, 19(2): 259-270.

[31] Fang X, Luo H, Tang J. Structural damage detection using neural network with learning rate improvement[J]. Computers & structures, 2005, 83(25-26): 2150-2161.

[32] 郑攀海，郭凌，丁立兵. 基于 TensorFlow 的卷积神经网络的研究与实现[J]. 电子技术与软件工程，2018（18）：20-22.

[33] 王雨辰. 基于深度学习的图像识别与文字推荐系统的设计与实现[D]. 北京：北京交通大学，2017.

[34] 何嘉俊. 神经网络应用于光纤智能安防信号识别研究[D]. 武汉：华中科技大学，2019.

第6章　分布式光纤声振技术工程应用

内容关键词

- 光缆健康监测、周界安防
- 管网泄漏
- 地震波勘探
- 电力系统监测

随着我国基础建设（桥梁、隧道、公路、大型建筑、高铁、电力通信设备、油气输送管道）的不断发展和普及使用，基础建设的健康监测和确保国家安防、人民生命财产安全越来越引起人们的重视。然而，对大型基础建设、边境和海洋安防、油气输送管道等的故障诊断、健康预警、人为入侵等事件的检测需要满足距离远、精度高、实时性强、分布检测等要求，传统检测手段已经不能胜任。分布式光纤声/振系统样机如图 6-1-1 所示，可以测量沿光缆路径上的空间连续分布信息，且具有精度高、可靠性好、实时显示、抗干扰能力强等优点，在国家安防、基础设施建设、能源、电力、航空航天、智慧海洋等领域得到越来越多的应用。

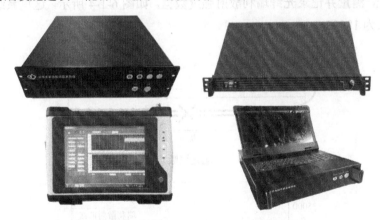

图 6-1-1　分布式光纤声/振系统样机

6.1　光缆健康监测

我国幅员辽阔，光缆铺设可达数千米，铺设工程建设过程难免会出现意外挖断其他地下通信光缆的情况，例如，某油田输油光缆光纤断点定位修复，几根冗余芯也在此处断裂，后在现场证实是建设施工挖断，现场如图 6-1-2 所示。

常见的光缆故障包括：（1）人为破坏（包括挖伤、砍断、火烧、砸伤、施工时光缆打绞等）；

（2）不可抗力造成（如杆倒、地质沉降、地震）；（3）中间接头内光纤断；（4）中间接头内光纤严重收缩或光纤焊接头老化；（5）光缆内断；（6）终端盒中的光纤焊接头接触不良。

图 6-1-2　光缆破坏现场

使用分布式光纤振动传感系统来判定断点定位的步骤如下。

（1）路由标定。光纤接入主机后，通过路由标定来确定光缆的实际位置及走向，并在地图上进行标注，当光纤出现断点时，会在主机软件界面上显示报警。设备联网后，通过载入地图来显示光缆所在位置，并设定中心点，选定当地所在的位置，在地图上标出光缆走向图。当有报警时，界面会出现一个弹窗，显示光纤断点位置，并可比对现场光缆的实际位置，查看实际断点位置。

（2）确定损坏光缆的断点位置。首先，将损坏的光纤（图 6-1-3 中的光缆）接入分布式光纤振动传感系统，测量并记录光纤瑞利散射强度数据，如图 6-1-4 所示，这里系统测得的光纤断点位置的纤长为 18900m。

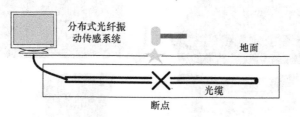

图 6-1-3　埋地光缆断点示意图

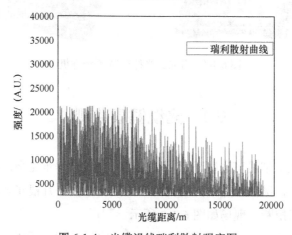

图 6-1-4　光缆沿线瑞利散射强度图

（3）振动测试。为进一步确定光缆的断点位置，在测量的光纤断点附近（只做大概估计即可），利用大锤、铅球、铲背等工具，在光缆的正上方向下砸击地面，此时，分布式光纤振动传感系统会呈现出如图 6-1-5 所示的振动曲线。

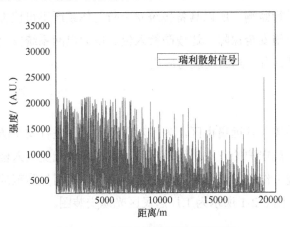

图 6-1-5　光纤末端瑞利信号增强图

通过观察现场的测试点，图中的光纤振动曲线会对现场光缆所处的环境造成干扰，促使断点前的振动曲线上升，从而进一步判断光缆的断点位置。

6.2　周界安防

近些年来，各式各样的周界安防系统为社会的各类安全保障做出了卓越的贡献，针对应用环境及对应需求等条件的不同，各类周界安防系统也随之有对应的安防策略。具体而言，传统的周界安防解决策略主要基于红外线对射、视频监控、泄漏电缆及电子围栏等方式，然而这些传统的安防解决策略具有抗环境干扰能力差、抗电磁干扰能力差、检测范围小、维护成本高等缺陷。基于红外线对射安防策略的系统采用红外线接收器感应振动信号，虽灵敏度极高，却更易受飞鸟等动物或风雪等环境因素的影响，其传感器的安装角度、位置等要求极高，若处理不当，则会提高误报率，因此其防护等级较低。基于视频监控安防策略的系统常用于配合其他安防系统进行防范，应用较为广泛，但其仍需要人为操作，难以保证自适应性。随着近年来网络图像传输与处理等技术的快速发展，最先进的视频监控技术已然具备动态图像自动实时识别、存储、防入侵实时警报等功能，虽具有广阔的使用前景，但其成本较高，导致社会普及度较低。基于泄漏电缆安防策略的系统采用泄漏电缆来感应电磁场扰动并以此进行监测，一般将其装入地下或墙内，较为隐蔽，因为电磁场不易受温度、风雨烟尘等环境因素的影响，所以该安防策略的鲁棒性较好，然而泄漏电缆需大功率供电且难适用于大范围监测，所以该系统的实用性较差。基于电子围栏安防策略的系统虽然安全性极好，但其需要大功率且不间断的供电，还易受各种环境的影响，所以存在一定的缺陷。总而言之，新时代的周界安防系统不仅需要对各类入侵行为进行实时监控、识别和响应报警，同时还要兼具远程控制与响应、高精度入侵定位、多环境适应性、抗各种扰动、低能耗等特性。而基于光纤传感器的周界安防系统是一种能够满足上述优异特性与安防需求的新型安全防范管理系统，其主要利用光纤传感元件对压力及振动敏感度高的特点来进行感应和测量，非常适用于对各类振动及压力等信号进行监测，所以具备传统安全防范体系所不可比拟的优势，已经在政府要地安全防护、基础设施安全保障、边境防御入侵、电力电网系统安全、超远距离管道监测及自然灾害监测等领域具有广阔的发展与应用。

6.2.1 工厂民居

现代工厂厂区面积较大且远离市区，为了对厂区的周界进行安全防范，一般可以设立围墙、围栏或采取值班人员守护的方法。但是围墙、围栏有可能受到入侵者的破坏或被翻越，而值班人员有可能出现工作疏忽或暂时离开岗位，为了提高周界防范的可靠性，建立周界防范系统是非常必要的。图 6-2-1 所示为工厂居民区光缆安装图。

图 6-2-1　工厂居民区光缆安装图

针对周界安防需求，一种基于分布式光纤视频联动技术的周界入侵报警系统被提出，如图 6-2-2 所示。系统利用分布式光纤振动监测技术对机场周界围栏进行全天候、连续式、动态监测，可准确识别人/车攀爬、翻越、破坏围栏事件并精确定位，同时报警事件联动视频监控系统和声光告警系统协同处理，具有误报率低、漏报率低、极端天气适用、智能化程度高等优点，极大地提升了周界安防监控系统的安全性和高效性。

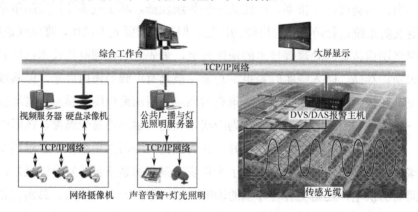

图 6-2-2　工厂分布式光纤振动系统周界安防示意图

在某厂区中，当有人员攀爬光缆时，报警指示灯变红，弹出报警现场截图对话框，其中显示的是当前报警时摄像头拍摄的现场截图，如图 6-2-3 所示。图中的动作与界面显示相符，从界面上可以看出人员攀爬信号被检测到。

图 6-2-3　人员入侵测试图

6.2.2　边境口岸

随着我国对外开放的进一步深入，出入境人流量不断增大，偷渡等犯罪活动也日益严重，要求边防管理部门执行任务的距离越来越远、反应速度越来越快。再加上边防区域地理位置复杂，边境线漫长，边防哨所、无人值守边防站现场，出入境口岸现场等边境监控重点区域分布较广，且与监控中心的距离较远，造成传统短距离监控根本无法实现视频管理的需要。我国某边境线如图 6-2-4 所示。

图 6-2-4　我国某边境线

分布式声/振系统综合运用遥感、遥测、地理信息系统、宽带网络、通信、计算机模拟、光机电一体化装备等多种技术，具有监测距离远、重点区域监控分布广、实时监控与报警、适应各种复杂地理位置、无须专门人员值守等优势。分布式声/振系统对国家陆地边境界进行动态可视化远程管理和辅助决策，数字化、网络化、智能化的高新远程监控技术是信息化边防管理的重要装备，基础设施和信息系统的高度集成为国家边境安全提供重要信息化、智能化管理手段。边境安防系统如图 6-2-5 所示。

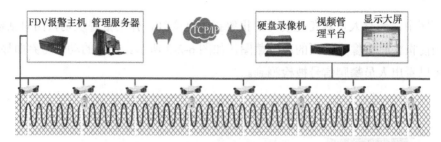

图 6-2-5　边境安防系统

通过模拟边境人员入侵事件，使用分布式声/振系统测试入侵事件的发生，并准确判断其位置和发生事件的类型，图 6-2-6 中入侵事件发生的位置为 40105m 处，发生事件的类型为人员垂直于光缆方向走动。

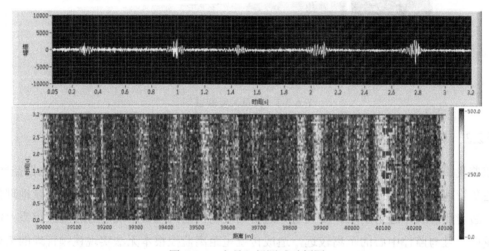

图 6-2-6　人员入侵测试时频图

6.2.3　公路隧道

公路及公路隧道的建设项目与日俱增，隧道安全运营问题越来越突出，除隧道本身的土建施工质量外，隧道的监视与控制管理成为公路隧道正常运行的重要课题。与此同时，人为钻井、超载车辆经过、挖掘机挖掘等破坏事件严重威胁隧道的正常运营、国家的财产和人民的生命安全。公路隧道图如图 6-2-7 所示。

图 6-2-7　公路隧道图

在公路隧道顶部和地面区域铺设传感光缆后，通过传感光缆能够探测并感知到来自外界对防区的扰动及振动。当遭受外来人员或机械非正常闯入和破坏时，分布式声/振系统可以感知到振动信号，如图 6-2-8 所示，并通过这些信号采集、传输、分析及处理，判定是否受到了破坏。

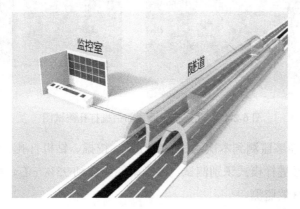

图 6-2-8　分布式声/振系统测试公路隧道周界安防

北京某隧道入侵及破坏测试如图 6-2-9～图 6-2-11 所示，本次测试进行了行车、挖掘、钻机打孔三种事件。

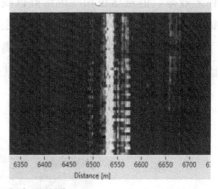

图 6-2-9　北京某隧道顶部行车测试图

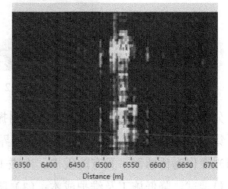

图 6-2-10　北京某隧道顶部挖掘测试图

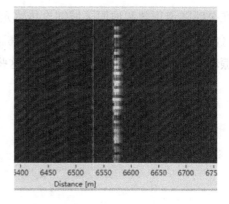

图 6-2-11　北京某隧道顶部钻机打孔测试图

分布式声/振系统能够监测到本次测试中的行车、挖掘、钻机打孔三种模拟事件。对系统采集的不同事件的信号进行模式识别测试，准确率能够达到 95%左右，可见分布式声/振系统能够进行破坏事件的有效监测。

6.2.4　高铁围栏

随着我国高速铁路的发展，高铁通车里程越来越长，带动了各地的经济发展、提高了人员的往来效率。但是这也相应地给高铁线路周围带来了很多安全隐患，铁路设施被破坏、无视防护网直接穿过铁路线等情况时有发生，这对铁路的行车安全和人民群众的人身财产安全带来了新的挑战。高铁线路由于线路距离长，人员巡视不能完全覆盖，气候、干扰因素太多等原因，安全防护成本和压力较大。高铁围栏示意图如图 6-2-12 所示。

图 6-2-12　高铁围栏示意图

分布式光纤振动报警系统是一套利用振动光缆作为传感单元，通过计算机对报警信号进行采集和控制，实现对长距离、大范围周界进行防范的报警系统。它具有以下几个特点：（1）采用光缆作为传感器，具有防雷击、电磁干扰、使用寿命长、维护更换简便等；（2）无须专业人员调试，降低施工及维护成本；（3）降低入侵破坏，当有人剪断光缆时，系统会产生报警，确定位置后简单熔接即可；（4）支持多个防区同时监测。

　　某高铁人员入侵测试如图 6-2-13～图 6-2-15 所示，当动车经过时，测试了人员走动、两人同时翻越围栏，以及双向动车经过时有人员入侵这几种情况。

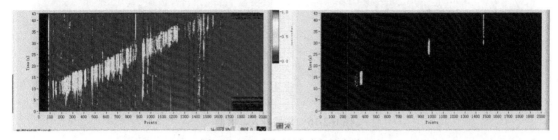

图 6-2-13　动车经过时人员走动

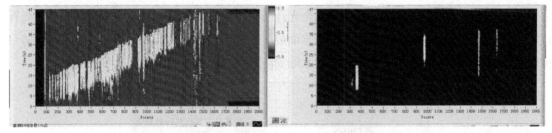

图 6-2-14　动车经过时两人同时翻越围栏

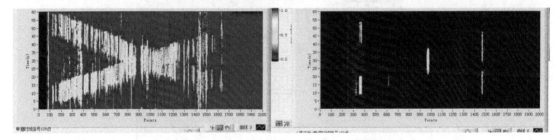

图 6-2-15　双向动车经过时有人员入侵

　　从测试结果可以看出，通过分布式光纤振动报警系统可以监测高铁围栏周界安防入侵事件，并且高铁通过安防区域运行时，若有人员翻越围栏，则分布式光纤振动报警系统可以得到人员入侵的信号并进行报警。

6.2.5　水下安防

　　我国大陆海岸线有 18000 多千米，沿海面积超过 0.5 平方千米的岛屿有 6500 多个，其中散布着超过 300 处属于我国海军的各种基地，其中约 200 个在海岛上，包括舰艇的停泊设施和各种海军用军事设施等。

　　长期以来，我国大部分沿海基地和港口缺乏完善的安防体系和有效的防范技术手段，而随着现代水下科学技术的快速发展，各种水下有生力量装备正在迅速发展，特别是现代蛙人、水下机器人和微型潜艇等，这些新型的水下有生力量装备的发展对海军的水面舰艇、军用港口、码头和军事设施等造成了严重威胁。作战蛙人、潜器如图 6-2-16 所示。

图 6-2-16 作战蛙人、潜器

针对滨海重要军事及民用设施的入侵监测需求，基于分布式光纤传感技术能够对水下及陆上入侵目标进行远程警戒探测的分布式全光纤防入侵监测。如图 6-2-17 所示，构建基于光纤技术的分布式水陆防入侵监测网，实现对水面舰艇、水下航行器及蛙人、陆上人员及车辆等目标的有效探测和识别，为滨海重要设施的水陆安防提供先进的技术装备和技术手段。

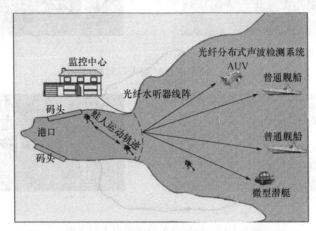

图 6-2-17 分布式光纤声波检测系统水下安防布置图

海上测试在某海域附近进行，如图 6-2-18 所示，蛙人在光缆附近游动，在蛙人的游动过程中，系统采集蛙人辐射的声信号。蛙人在水中游动较慢，十字阵可以满足探测蛙人方位的需求。

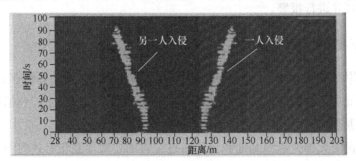

图 6-2-18 防蛙人光纤隔离网探测信号图

浅海实验验证了分布式声波系统对水下蛙人进行被动探测测向的可行性。结果表明，携带不同呼吸器的蛙人的辐射噪声频带分布的差异显著，但是周期性是水下蛙人辐射噪声的一个共有特征，由于蛙人辐射噪声小、环境背景噪声大，因此目前的分布式光缆只在 30m 范围内可实现对蛙人的预测。

6.3　管道泄漏监测

输送石油、天然气、热力、水等物资的管道，因自然老化、外力破坏等原因存在泄漏风险。一旦发生泄漏，就会影响物资供应，引起环境污染，甚至诱发火灾、爆炸、毒气污染等严重的安全事故，给当地人民的生命财产安全带来严重威胁。

针对管道泄漏监测应用需求，基于分布式光纤振动技术的管道泄漏监测系统被提出，如图 6-3-1 所示，系统利用分布式声/振监测技术对管道温度进行全天候、连续性、实时在线监测，可快速识别泄漏事件并精确定位，具有测距范围大、精度高、定位准、耐久性好、维护简单等优点，尤其适合各种地埋管网、油气输送管道、热力管网、供水管道的泄漏监测。

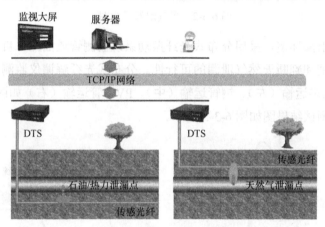

图 6-3-1　基于分布式光纤振动技术的管道泄漏监测系统

6.3.1　气体管道泄漏监测

燃气是高热值的清洁燃料，易于运输与存储，资源丰富。燃气事业的大力发展对创建绿色城市、方便人民生活和提高企业生产效益做出了很大的贡献。但是随着燃气的广泛应用，燃气事故的种类也呈现出多样化，燃气泄漏不仅对人体有害，对环境也有影响。如图 6-3-2 所示，燃气一旦泄漏到环境中，就是无法回收的，污染的空气、水或土会对人体健康造成极大的危害。

我们都知道，天然气本身是一种比空气易挥发的无色易燃易爆气体。在空气中，只要天然气达到 5%以上的浓度，就会引起爆炸。而天然气的主要组成成分是甲烷，它在较小浓度时一般不会产生影响，只有在空气中的含量达到 10%以上时，才会对人体有害，如造成呼吸困难、眩晕虚弱、昏迷，甚至失去生命。当天然气中有足够分量的、具有强烈臭鸡蛋味的硫化氢气体的时候，也会产生影响，如当空气中硫化氢的浓度达到 0.31mg/L 时，人的眼、口、脑就会因受到强烈的刺激而出现怕光、流泪、呕吐、头痛等症状，而当空气中的硫化氢浓度达到 1.54mg/L 时，便会使人死亡。另外，燃烧不充分的天然气也会产生一氧化碳等有损人体健康的气体。因此，天然气管道一旦发生泄漏，就会在转瞬之间得到蔓延，极容易产生人体中毒，引起爆炸、火灾等恶性事件，会给人民的生命财产及社会经济等造成无法估量的损失，同时也会直接威胁环境。

图 6-3-2　燃气泄漏示意图

建立模拟气体泄漏环境，采用分布式光纤振动系统监测管道泄漏，目的是验证用分布式光纤振动系统来识别和判断天然气泄漏的可行性。分布式光纤解调仪监测气体泄漏示意图如图 6-3-3 所示。聚乙烯运输（左）、钢管运输（中）、PVC 管运输（右）如图 6-3-4 所示。分布式光纤振动系统的测试结果图如图 6-3-5 所示。

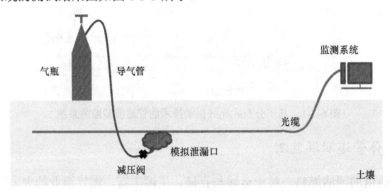

图 6-3-3　分布式光纤解调仪监测气体泄漏示意图

图 6-3-4　聚乙烯运输（左）、钢管运输（中）、PVC 管运输（右）

图 6-3-5　分布式光纤振动系统的测试结果图

分布式光纤振动系统对管道气体泄漏事件的探测会受到多种因素的影响，如管道材质、孔径大小、气体压力、管道填埋的土质，由本次测试可知，聚乙烯材质比钢管材质的效果好，孔径大时比孔径小时的效果好，细致疏松土质比黏土填埋的效果好，在管道填埋时，应采用细土回填的方式。

6.3.2　液体管道泄漏监测

石油被开采后，国际常用的有管道、铁路、公路、海路等几种运输方式，与其他几种方式相比，管道运输石油有节省投资、安全、密闭等独特的优势。但不可避免的是，石油在管道运输过程中始终存在泄漏的风险。人为原因主要涉及打孔盗油和施工破坏两个方面：不法分子受利益的驱使，在输油管道上打孔，破坏管道的完整性，从而造成石油外泄；同时，随着油区周边经济建设的发展，第三方施工造成的管道破损事件呈逐年增多趋势。另外，在自然原因方面，水土流失、地质灾害、滑坡、洪涝等灾害会造成管道泄漏，此方面原因可使管道完全断裂，造成较严重的石油泄漏事件。因此，优化管道选线、加强巡护等预防、及早发现自然原因是管道管理的重要方面。管道泄漏主要影响生态环境、土壤、地表水三个方面。泄漏的石油烃类进入土壤，会造成土壤质量降低，影响植被生长。泄漏的石油进入地表水体，造成水体的使用功能下降，甚至威胁饮用水的安全；输油管道跨越河流时若发生泄漏，则石油顺着河水向下游移动，可能会对地表水体产生污染。在处理管道风险事件的过程中，为彻底清除油污、减小石油对土壤的影响，一般应将地表土壤完全清除。根据现场调查研究，事故发生现场的植被一般在第二年可恢复到原有水平。石油泄漏图如图 6-3-6 所示。

图 6-3-6　石油泄漏图

本次测试某石油管道泄漏实验场地，使用分布式光纤振动系统测试油管发生的泄漏，如图 6-3-7 所示。

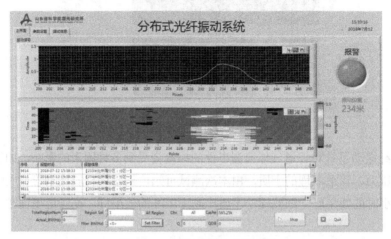

图 6-3-7 石油泄漏测试结果图

当测试油管发生微泄漏（半小时内压力表无变化）时，泄漏处每隔一段时间会有气泡出现，此时使用分布式光纤振动系统监测泄漏事件，如图 6-3-8 所示，定位精度在±2m 左右，本次测试可达到预期目的。

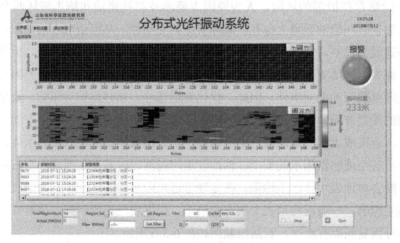

图 6-3-8 石油微漏测试结果图

6.3.3 尾砂矿管道泄漏监测

尾矿库尾砂属于工业固体废物，根据国家的有关规定（工业废物处理处置相关规范），本着减量化、资源化、无害化的原则对尾砂矿进行特定位置回采和利用，需要使用管道进行输运回收，如图 6-3-9 所示为某处尾砂矿回采管道，在回收利用过程中若管道发生泄漏，则会对环境造成很严重的破坏：大气环境影响；地表水环境影响（尾砂矿进入地表水体，悬浮物和尾矿中的污染物使水质变差）；声环境影响（尾砂矿回采过程中机械车辆的操作噪声对声环境敏感目标产生影响）；生态环境影响（尾矿库回采过程出现爆管，尾砂大量下泄，压覆地表植被、农作物）。以上影响主要反映出尾砂矿回采过程造成的由尾矿库溃坝所引发的环境风险，而且尾砂矿回采项目进行过程还涉及工程占地，以及厂区的生产生活废水、废气、生活垃圾产生及排放，均对区域环境造成较大影响。

图 6-3-9　某处尾砂矿回采管道

通过分布式光纤振动系统测试某地的尾砂矿输运管道模拟泄漏事件的发生，通过打开某一处的管道阀门，来模拟尾砂矿输运管道泄漏事件。

泄漏时分布式光纤振动系统检测到的位置如图 6-3-10 所示，阀门对应的光缆的位置为7730m 左右，阀门打开时系统能测试到泄漏点。

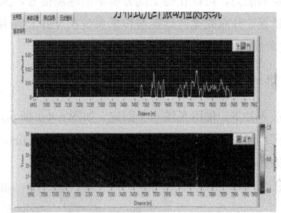

图 6-3-10　尾砂矿泄漏测试结果图

6.4　地震波勘探

随着我国国民经济的快速发展，近年我国对石油的消耗量长期处于世界第一的位置。2017年中国石油消费增速回升，中国石油消费持续增长，全年石油消费量为 6.10 亿吨，同比增长6.0%，增速较上年上涨 0.5%；国内石油产量连续两年下降，全年产量 1.92 亿吨，对外依存度由 2013 年的 57.39% 上升到 68.52%。资源消耗增加、对外依存度增高，都是对国家安全的不利影响。提高勘探开发力度、开辟新技术、降低传统勘探成本、提高石油产量，都是国家对未来能源勘探的重要方向。地震波方法是地下探索的基石，是国内油气勘探的主要方法，相比于地表的地震调查，井下实验可以帮助我们获取更多的岩石特性细节，以及地热储层内的潜在流体路径。分布式光纤地震波传感系统利用光缆对地震信号传感，将光缆下井，整条光纤都可以监测动态震动，并且空间分辨率极高。分布式光纤地震波传感系统作为近年出现的石油地震勘探领域中的重大技术突破，顺应了时代的需求。分布式光纤地震波传感技术可以应用于地面地震波勘探、井下的垂直地震剖面（Vertical Seismic Profile，VSP）及微地震应用。分布式光纤地震波传感系统的测试光缆的部署较为简易，光缆可以以正常的速度下井，光缆布设好后是永久性的，无须移动，需要测试时直接连接设备即可。另外，系统也可以利用分布式温度传感所用的光缆进行测试，勘探效率高且成本低。分布式光纤地震波传感系统可以实现"单炮全井数据覆盖"，相比传统地震检波器的点式勘探，这是质的飞跃，大大降低了勘探工程成本。

分布式光纤地震波传感系统的地震波响应的特性与传统地震检波器有差异，不能做到像传统的三分量地震检波器那样接收多个方向的地震波。同时，接收的信号强度是 $2\cos(\theta)$（θ 是光纤与地震波的夹角），而传统地震检波器接收的信号强度是 $\cos(\theta)$，因此，灵敏度的衰减更快。而 VSP 技术作为石油勘探中的重要技术，由于其具有优越的激发与接收条件，具有较高的分辨地层的能力，可以获得更高分辨率的地震信号，因此国内外对 VSP 技术的研究日益受到广泛的重视。分布式光纤地震波传感系统在 VSP 的应用方面取得了较好的成果，同时国内在 VSP 技术领域的需求非常迫切。

6.4.1　井中地震波勘探

将光缆放入井下，使用光缆卡子固定，如图 6-4-1 所示。将震源放置在点位上，控制可控震源激发，同步触发分布式光纤声波传感（Distributed fiber Acoustic Sensing，DAS）系统，分析解调后的数据，判断是否能接收到震源发出的信号。

图 6-4-1　光缆放入井下示意图

　　结果显示单炮数据中地震波信号可见，经过数据处理后信号可更加明显地辨别，如图 6-4-2
所示。

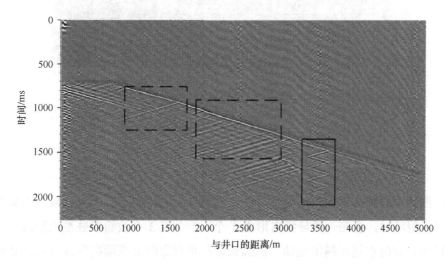

图 6-4-2　井中地震波检测结果

6.4.2　地面地震波勘探

　　可控震源车每隔 20m 进行一次地震实验，时长为 12s，震动频率的范围为 10～130Hz，
共进行 114 炮实验,使用分布式光纤声波解调仪记录数据。可控震源车和光缆布设图如图 6-4-3
所示。将实验光缆中的 1000m 每隔 6m 采用尾椎固定于测试场地中，另外 100m 采用地埋铺
设，光缆铺设方向与场地内的动圈检波器铺设方向一致。

图 6-4-3　可控震源车和光缆布设图

　　北京某地外场实验使用分布式光纤声波监测系统记录数据，如图 6-4-4 所示为实验中的光
缆采集的数据，说明 DAS 系统具有采集和记录此类地震波的能力。

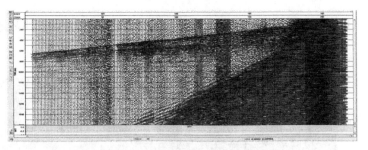

图 6-4-4　地面地震检测结果图

6.5　电力系统监控

电缆沿圆周方向覆冰不均匀的架空导线在侧向风力的作用下会产生低频、大幅度自激振动现象。导线舞动时，会在一档导线内形成 1 个、2 个或 3 个波腹的驻波或行波。导线主要进行垂直运动，有时也进行椭圆运动，椭圆长轴在垂直方向上或偏离垂直方向，有时还伴有导线扭转。垂直振动的频率为 0.1～1Hz，振幅在几十厘米到几米范围内。严重的导线舞动是在大档导线中产生一个波腹的振动，加上悬垂绝缘子串又沿线路方向摇摆，振幅可高达甚至略高于弧垂的最大值（10～12m）。

电缆舞动的主要原因是导线上有不均匀的覆冰，它与导线无覆冰或均匀覆冰时的微风振动有本质的不同（见架空线微风振动）。在高纬度地区的冬季，当气温为 0～-10℃或更低时、当风速为 2～26m/s 或更高时、当风向与线路走向的夹角在 46°～90°范围内时，覆冰不均匀的导线就可能产生舞动。从以上舞动发生规律及特点的分析可知，输电线路舞动是一种对电网安全运行危害较大的故障类型，对在运的电网及正在建设中的特高压及"三华"同步电网的安全稳定运行影响巨大，必须认真开展相关研究，制定有效的防治方案和措施。使用分布式光纤声波系统测试电缆舞动的原理：杆塔上布有 OPGW（Optical fiber composite overhead Ground Wire，光纤复合架空地线）光缆。由于风会引起电缆和 OPGW 光缆的舞动，因此将 DAS 连接 OPGW 光缆，可以测试高压输电线的舞动，附有 OPGW 的电缆如图 6-5-1 所示。

图 6-5-1　附有 OPGW 的电缆

当环境风力很小时，风引起了光缆的震动，塔的震动相对于线路的震动小得多，因此可以看出 4 个杆塔的位置，如图 6-5-2 中的箭头所示。

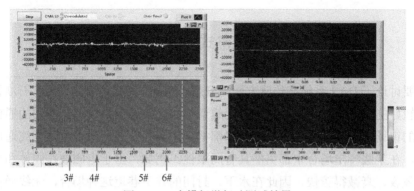

图 6-5-2 电缆轻微舞动测试结果

图 6-5-3 所示为敲击测试室与 3 号杆塔之间的悬空光缆产生的图形。由图 6-5-3 可以明显地看到测试室到 3 号杆塔的光缆震动情况。

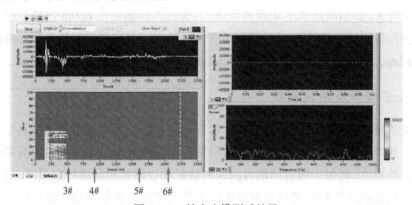

图 6-5-3 敲击光缆测试结果

图 6-5-4 所示为晚上 12 点的测试界面。此时外面风力较大，从图 6-5-4 可以看出整段测试光缆的震动幅度明显增大，杆塔的位置更加显著。通过图 6-5-4 中的右图可以看出，解调后的信号出现了饱和的现象。

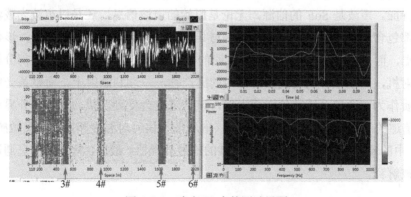

图 6-5-4 晚上 12 点的测试界面

通过以上可知，DAS 系统可以检测到高压线路的舞动，并且可以通过分析得出线路舞动的频率与幅度，因此 DAS 系统应用在高压线路舞动测试中是可行的。

6.6 分布式声波通信

前面主要讨论了 DAS 系统在传感方面的应用，涵盖了交通、石油勘探、石油管道三个领域，取得了较好的效果。而在通信领域，无线通信和光纤通信是较广泛应用的通信方式，由于具有广阔的市场前景，因此两类通信技术都得到了迅猛发展。但不论是无线通信还是传统的光纤通信，在某些特定场合中都仍然具有局限性。例如，由于电磁波在固体和水中传播时很快就会被吸收，衰减得较快，因此在水下、封闭的井下巷道这种场合，无线通信无法正常工作，而声波是目前唯一能够在水中远距离传播的信号。另外，传统的光纤通信的基本结构需要光发射机和光接收机，只能实现点对点通信，而在光纤链路的中间无法直接下载信息。

本节把 DAS 系统的应用从传感领域推广到通信领域，提出光载声波通信（Sound over Fiber，SoF）的概念，详细阐述 SoF 实现的原理，并通过实验验证在 660m 色散补偿光纤（DCF）上以超声波作为载波的 2.6k Baud（波特）的空气 SoF 单工数字通信，以及在 6.4km 普通单模光纤（Single Mode Fiber，SMF）上的 1k Baud 的水下实现数字图像数据的传输。

6.6.1 SoF 概念及系统原理

SoF 实现的原理如图 6-6-1 所示，DAS 以固定周期向光纤中发射被脉冲调制的超窄线宽光脉冲信号，并同步探测和采集散射回的瑞利散射光，实时得到在每个发射周期中探测得到的瑞利散射光的相位，将每个散射周期内的瑞利散射光以固定间隔进行重采样，并根据 OTDR 的原理，将瑞利散射光的相位变化与声波通信光缆的空间位置相对应，还原出声波光缆上每个位置处的动态应变信息，该动态应变信息是与声波线性对应的。随后对每个位置处原始的相位信息进行去噪处理，以减小光学信号噪声及环境噪声对声音信息的影响，将每个位置处的实时动态应变信息进行扫描，对已经发送开始标识报头的位置持续进行信息接收或停止接收。若声波为数字声波信号，则根据其调制格式进行对应的解调。基于 DAS 的 SoF 具备单工通信系统的特征。声波是 SoF 的信源，无论是原始的声波信息，还是以声波为载波的数字信息，声波中都包含该通信系统的有用信息。与其他任何通信系统都不同的是，该信源不在通信系统的一端，而是"分布式"地分布在链路的任意位置。DAS 的发射脉冲部分相当于通信系统中的发射机，声波信号调制到发射信号的副产物——瑞利散射上。而整条光纤链路及光纤周围的介质作为该通信系统的信道。当然，该信道也会受到干扰，例如，外界环境的声波噪声，以及信道的温度变化带来的附加噪声（瑞利散射信号对温度和应变交叉敏感）。而接收机就是 DAS 中的瑞利散射的相位解调及后续的信号处理器。最后，解调的信息通过声音播放或其他方式被解释。

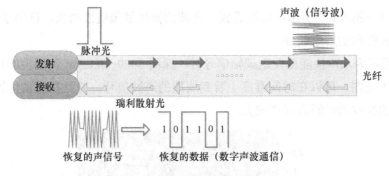

图 6-6-1　SoF 概念及系统原理

6.6.2　基于 DAS 的模拟声波通信

为了具体地验证 SoF 这一概念，在空气和水中分别进行模拟声波和数字声波通信。由于空气中的声波衰减较大，为了保证系统的信噪比，在空气中的通信实验中设置通信距离为 660m，而水中的声波衰减较小，因此在水中的通信实验中的通信距离可设置得较大，本实验设置为 6.4km。具体的实验方案如图 6-6-1 所示。

采用一个蓝牙音箱作为声源，通过计算机控制蓝牙音箱发出的声波的幅度和频率。蓝牙音箱与测试光纤的距离为 0.6m，将声波频率固定为 2kHz，通过调整驱动电压来线性调整声波信号的幅度。为了滤除空气中的噪声，可采用带通 FIR 滤波器对探测得到的信号进行滤波，得到的时域信号如图 6-6-2 所示。可以看到，声波的幅度呈现线性增长，证明了在空气声中的 DAS 进行幅度解调的效果较好。

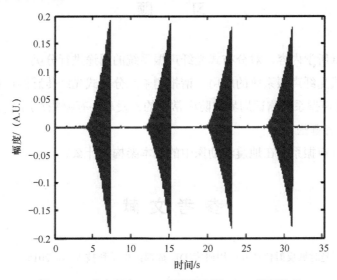

图 6-6-2　在空气中 DAS 探测得到的 2kHz 调幅信号

采用一个水声换能器作为声源，通过任意波形发生器来控制水声换能器发出声波的幅度和频率，驱动信号为频率为 3kHz 的调幅信号。分别将两个长为 2m 的光缆盘成直径为 10cm 的小圈并放入水中，两个测试点的间隔为 10m。通过 DAS 探测得到的其中一个测试点位置处的声波时域信号如图 6-6-2 所示，可以看到，声波的幅度呈现线性增长，证明了 DAS 在水下进行幅度调制和解调的效果较好。

图 6-6-3 所示为水声换能器发送调幅信号时，探测 3929～4329m 范围内的声波信号，得到声波信号的瀑布图，可以在时间维度上看到周期的声波信号，并且在测试位置处出现明显的亮点，亮点的亮度随时间而逐渐增大。

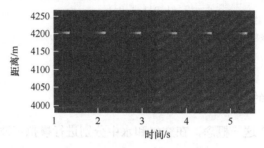

图 6-6-3　发射调幅信号时的声场

本 章 小 结

本章主要讲述了分布式光纤声振系统在光缆健康监测、周界安防、管道泄漏监测、地震波勘探、电力系统监控、分布式声波通信等领域的应用。

习　　题

1. 请根据本章所学内容，对分布式光纤声振系统的用途进行分类。
2. 针对分布式光纤声振系统的应用，请推测未来分布式光纤传感的地位和发展。
3. 分布式光纤声振系统测试周界安防中常见的入侵事件有哪些？周界安防中几种入侵事件的频率主要分布有哪些？
4. 分布式光纤声振系统在地震波勘探中的基本架构是什么？

参 考 文 献

[1]　彭飞. 相位敏感型光时域反射仪及其应用研究[D]. 成都：电子科技大学，2015.

附录 本书常用文字符号说明

1. 光波基本符号

λ	光的波长
ν、f	光的频率
v_g	光群速度
Φ	光波相位
θ	初始相位
S	臂长差
ω	脉冲宽度
n_f	纤芯折射率
τ	时间延时
D_s	空间分辨率
g_r	增益系数
I	光强的通用符号
E	电场强度的通用符号
k_B	玻耳兹曼常数
T	热力学温度

2. 弹性力学基本符号

E	通频带
u	泊松常数
u_ε	微应变
n	折射率

3. 其他符号

dB	相对强度单位
Q	弹光系数
α_m	衰减系数

反侵权盗版声明

电子工业出版社依法对本作品享有专有出版权。任何未经权利人书面许可，复制、销售或通过信息网络传播本作品的行为；歪曲、篡改、剽窃本作品的行为，均违反《中华人民共和国著作权法》，其行为人应承担相应的民事责任和行政责任，构成犯罪的，将被依法追究刑事责任。

为了维护市场秩序，保护权利人的合法权益，我社将依法查处和打击侵权盗版的单位和个人。欢迎社会各界人士积极举报侵权盗版行为，本社将奖励举报有功人员，并保证举报人的信息不被泄露。

举报电话：（010）88254396；（010）88258888

传　　真：（010）88254397

E-mail：　dbqq@phei.com.cn

通信地址：北京市万寿路 173 信箱

　　　　　电子工业出版社总编办公室

邮　　编：100036